普通高等学校电子信息类系列教材

Python 程序设计
入门与实战

主编 王茜 兰元帅 廖敏

西安电子科技大学出版社

内 容 简 介

本书系统地阐述了 Python 的基本概念、语法及应用，全书内容丰富、涉及面广，且每章都提供了大量的示例代码，章末还附有实战练习，注重理论与实际相结合。全书共 12 章，第 1 章介绍 Python 语言的发展及特点、开发环境的安装、Python 程序的编写及编程规范；第 2 章至第 5 章详细讲解 Python 基础知识体系的核心内容；第 6 章至第 10 章深化技术主题，介绍更高级的编程技能；第 11 章至第 12 章讲解 Python 编程的两个重要领域，即数据库编程与图形用户界面 (GUI) 编程。

本书既可作为普通本科人工智能及相关专业的教材，也可供 Python 初学者自学使用。

图书在版编目 (CIP) 数据

Python 程序设计入门与实战 / 王茜，兰元帅，廖敏主编 . -- 西安：
西安电子科技大学出版社 , 2024. 12. -- ISBN 978-7-5606-7458-2

Ⅰ. TP312.8

中国国家版本馆 CIP 数据核字第 2024WS9622 号

策　　划　吴祯娥　刘统军
责任编辑　吴祯娥　张　存
出版发行　西安电子科技大学出版社 (西安市太白南路 2 号)
电　　话　(029) 88202421　88201467　　　　邮　　编　710071
网　　址　www.xduph.com　　　　　　　电子邮箱　xdupfxb001@163.com
经　　销　新华书店
印刷单位　陕西天意印务有限责任公司
版　　次　2024 年 12 月第 1 版　2024 年 12 月第 1 次印刷
开　　本　787 毫米 × 1092 毫米　1/16　印 张　11.5
字　　数　266 千字
定　　价　36.00 元

ISBN 978-7-5606-7458-2

XDUP 7759001-1

*** 如有印装问题可调换 ***

前　言

Preface

人工智能技术的兴起与发展，无疑是当今时代科技进步的重要标志之一。自诞生之日起，人工智能技术便以其独特的数据处理能力和智能化的决策知识，对社会各领域产生了深远的影响。Python 作为一种通用、高级、解释型的编程语言，因其简洁明了的语法结构、强大的库支持以及易于学习和使用的特点，已经成为人工智能领域较受欢迎的编程语言之一。

2018 年，教育部在《普通高等学校本科专业目录》中，将人工智能专业增设为电子信息类下的专业，部分高等学校也增设人工智能专业并开始招生。人才培养离不开教材，为满足人工智能专业学生学习 Python 程序设计的需求，我们精心编写了本书，希望本书能帮助学生打下坚实的编程基础，并能激发他们对人工智能专业的浓厚兴趣，助力他们成为未来 AI 产业的领军人才。

全书共 12 章，内容紧密衔接，步步深入，且强调理论与实践相结合。

开篇第 1 章"走进 Python 世界"，系统介绍了 Python 语言的发展、特点和应用，并细致指导学生安装和配置 Python 开发环境，以创建第一个基础程序作为起点，使学生快速步入编程的大门。

第 2 章至第 5 章构成了 Python 基础知识体系的核心部分：第 2 章详细阐述了输入与输出语句、标识符命名规则、变量声明与使用，全面解读了 Python 的数据类型，并详述了各种运算符的用法；第 3 章专注于 Python 字符串的表示方法及其丰富的操作功能；第 4 章探讨了 Python 的程序控制结构；第 5 章深度解析了 Python 的组合数据类型。

第 6 章至第 10 章深化技术主题，引导学生迈向更高级的编程技能：第 6 章深入讲解了 Python 中函数的定义、调用机制以及参数传递原理；第 7 章介绍了模块化编程的概念，展示了如何导入、使用标准库和其他自定义模块来组织代码；第 8 章聚焦异常处理，指导学生编写出健壮且稳定的应用程序；第 9 章通过系统讲解面向对象编程的理念，详细阐述了类和对象的创建、继承、封装与多态性等核心概念；第 10 章讲述了文件的操作，包括读写文件、目录管理以及路径处理等实用技术。

最后两章介绍 Python 编程的两个重要领域，即数据库编程与图形用户界面 (GUI) 编程：第 11 章通过实例介绍了如何利用 Python 连接并操作数据库，涵盖 SQLite 等主流数据库的基本操作和 SQL 语句执行；第 12 章则对比分析了 tkinter 和 wxPython 两种流行的 GUI 框架，指导学生实现基本窗口组件的布局、事件处理以及完整桌面应用程序的构建。

本书的编写特色如下：

(1) 理论与实践相结合。本书在介绍 Python 编程的基础知识时，注重理论与实践相结合。在每一章节的内容中，均配有精心策划的示例代码与实战练习，旨在引导学生通过实际操作来巩固和加深对理论知识的理解与掌握。

(2) 深入浅出的讲解方式。为了确保学生能够轻松理解并掌握 Python 编程，本书采用了深入浅出的讲解方式。在介绍复杂概念时，本书力求通过直观的示例代码和清晰的解释，使学生不仅能够快速掌握知识点，还能在编写代码的实践中感受到 Python 语言的强大功能及灵活性。

(3) 完善的知识体系。本书构建了一条从入门到高级应用的渐进式学习路径。书中内容的安排确保了学习过程的连贯性与深度，使学生能够循序渐进、逐步深入地掌握 Python 编程的核心概念与技能，从而在坚实的基础之上逐步建构起对 Python 语言编程的深刻理解。

本书主编为王茜、兰元帅、廖敏，兰元帅负责编写初稿，廖敏在初稿的基础上进行了完善和优化，王茜教授负责统稿。

尽管编者尽心尽力，但因水平有限，书中难免有不妥之处，恳请广大读者批评指正。

编　者
2024 年 4 月

目　　录

CONTENTS

第 1 章

走进 Python 世界

1.1　Python 语言简介

Python 语言作为一种跨平台的计算机程序设计语言，近年来发展势头迅猛，多次占据最受开发者欢迎的开发语言榜单的榜首。Python 语言的应用范围极为广泛，涵盖了数据处理、网络爬虫、人工智能等多个领域。

1.1.1　Python 的发展

Python 作为当今人工智能领域的主流开发语言之一，多年稳居 IEEE 发布的编程语言排行榜的榜首。Python 语言的创始人是荷兰人 Guido van Rossum(吉多·范罗苏姆)。1989 年圣诞节期间，在阿姆斯特丹，Guido 为了打发圣诞节的无趣，决心开发一个自己的脚本程序。该语言被开发出来后，Guido 选择了一部自己喜欢的电视喜剧 *Monty Python's Flying Circus*(《蒙提·派森的飞行马戏团》) 中的 "Python" 一词作为该编程语言的名字，就这样 Python 语言诞生了。

第一个 Python 的公开版本于 1991 年发布。Python 自发布以来，主要经历了三个版本的演进，分别是 1994 年发布的 Python 1.0 版本、2000 年发布的 Python 2.0 版本和 2008 年发布的 Python 3.0 版本。

此后的版本迭代中，主要存在 Python 2.x 和 Python 3.x 两个不同系列的版本。在 Python 3.0 发布时，两个版本并不兼容，考虑到 Python 2.x 拥有大量用户，而这些用户无法正常升级使用新版本，因此需要一个过渡期，在此期间两个系列版本共存。Python 2.x 的更新一直持续到 2020 年，之后便转向 Python 3.x 的更新和使用。对于初学者而言，建议从 Python 3.x 版本开始学习，这符合官方的更新方向。

1.1.2　Python 的特点

Python 是一种高效的编程语言，也是较为热门的计算机高级编程语言之一，它具备以下特点。

(1) 简单。Python 语言是接近于自然语言的高级程序设计语言，它使得使用者可以更多地关注于解决实际问题，而不必过多考虑计算机语言的细节实现。

(2) 易学。相较于其他编程语言，Python 语言的语法特点更容易理解，其开发文档也非常容易上手。

(3) 运行速度快。Python 语言的底层是采用 C 语言编写的，其很多标准库和第三方库也是使用 C 语言进行编写的，因此运行速度非常快。

(4) 开源。用户可以免费查看 Python 的源代码，研究其实现细节并对其进行二次开发，还可将 Python 的源代码用于新的自由软件中，这些均不涉及版权和收费问题。

(5) 具有良好的跨平台性和可移植性。Python 支持多平台开发运行，能在各平台之间移植。Python 支持的系统平台包括 Linux、Windows、iOS、Android 等。

(6) Python 是解释型语言。用 Python 编写的程序可以直接从源代码运行。在计算机内部，Python 解释器先把源代码转换成字节码，再把字节码翻译成计算机使用的机器语言并运行。用户可以直接在交互方式下执行代码，使得 Python 的测试更加简单。

(7) Python 支持面向对象的程序设计。在面向对象的语言中，程序是由数据和功能组合而成的对象构建起来的。Python 以一种非常强大又简单的方式实现面向对象编程，为大型程序的设计与开发提供了便捷性。

(8) 具有可扩展性。Python 中用户可以运行用 C 和 C++ 语言编写的某些不公开的算法，也可以把 Python 程序嵌入 C 和 C++ 程序中运行。

(9) 类库丰富。Python 拥有丰富的内置类和函数库。此外，全球开发者通过开源社区又贡献了各种各样的第三方库，几乎涵盖了计算机技术的各个应用领域。这些库函数的出现，给开发者提供了便捷。

1.1.3 Python 的应用

Python 作为一门强大的编程语言，其应用领域非常广泛，主要包括以下几个方面。

1. Web 开发

Python 在 Web 开发领域扮演着重要角色，拥有众多成熟的 Web 框架 (如 Django、Flask、等)。这些框架提供了丰富的库和工具，使得从简单的个人博客到复杂的企业级应用的开发都变得简单快捷。

2. 大数据处理

Python 在处理和分析大量数据方面具有显著优势。库 (如 Pandas、NumPy 和 SciPy 等) 为数据清洗、统计分析和数据可视化提供了强大的支持，使得 Python 成为科学家和分析师执行复杂数据处理任务的首选语言。

3. 人工智能

Python 被誉为 "人工智能领域第一编程语言"，其在 AI 领域的影响力极大，诸多编程语言无出其右。Python 提供了丰富的机器学习、深度学习库，使得研究者和开发者能够快速构建、训练和部署复杂的神经网络模型。例如，TensorFlow 和 PyTorch 作为深度学习框架的代表，提供了底层自动求导、GPU(图形处理单元) 加速计算等功能，极大地推动了图像识别、自然语言处理、语音识别、强化学习等 AI 技术的发展。此外，Python 还广泛应用于 AI 相关的数据预处理、模型评估、超参数调优、模型部署等全流程工作，形成了一个完整的人工智能开发生态系统。

4. 自动化运维

Python 在自动化运维 (DevOps) 中也发挥着重要作用。运维工程师使用 Python 来编写脚本，实现自动化运维任务，如服务器配置、日志分析和监控等。Python 的跨平台特性和丰富的库使其成为运维工程师的得力助手。

5. 网络爬虫

Python 是开发网络爬虫的理想选择。例如，利用 Requests、BeautifulSoup 和 Scrapy 等库，可以轻松地从网页中抓取和解析数据。这些工具的强大功能使得 Python 在网络数据采集和网页内容处理方面具有优势。

6. 游戏开发

虽然 Python 并非游戏开发的主流语言，但其在轻量级游戏开发、游戏脚本编写、游戏工具开发等方面仍有应用。Python 可以通过搭配如 Pygame 这样的库来开发 2D 游戏，提供图形绘制、事件处理、音频播放等功能。此外，Python 也可用于游戏原型快速迭代、游戏逻辑脚本编写、游戏测试自动化等辅助工作，尤其是在教育、休闲游戏开发领域，Python 的易学易用特性使得初学者能快速上手。

7. 科学计算

Python 在科学计算领域具有显著优势，其科学计算库 (如 NumPy、SciPy、SymPy、Matplotlib) 为科研人员提供了高效的数值计算、符号计算、数据分析和可视化工具。Python 能够处理复杂的数学运算、矩阵操作、信号处理、统计分析等任务，广泛应用于物理学、工程学、生物学、经济学、金融学等多个学科的研究工作中。Python 还支持与高性能计算环境 (如 MPI、CUDA) 的接口，允许科学家们利用超级计算机资源解决大规模计算问题。

8. GUI 编程

尽管 Python 并非是专门针对图形用户界面 (GUI) 开发而设计的，但它提供了多个成熟的库来创建桌面应用程序的 GUI。tkinter 是 Python 标准库的一部分，它提供了许多简单、直观的组件，如根窗口、顶级窗口、画布、按钮等。在编写 GUI 程序的过程中，可以把这些组件看作一块块 "积木"。另外，还有 PyQt、wxPython、Kivy 等第三方库，它们分别基于 Qt、wxWidgets、OpenGL 等底层框架，提供了更为丰富、现代化的 UI 组件和设计工具，支持开发专业级别的桌面应用及移动应用 (尤其是 Kivy，在跨平台触摸界面开发上有突出表现)。Python 的 GUI 编程能力使得在科研、教育等领域快速开发定制化的桌面应用解决方案成为可能。

1.2　Python 的安装环境

　　Python 是跨平台的，它可以运行于 Windows、Mac 和各种 Linux/Unix 系统。学习 Python 编程，首先要学会在各平台上安装 Python 软件，安装后会得到 Python 解释器，负责运行 Python 程序。Python 的集成开发环境多种多样，有官方提供的，也有第三方的。

1.2.1　官方开发环境 IDLE 的下载与安装

　　Python 是一个轻量级的软件，用户可以在官网下载安装程序。本书选择在 Windows 10 操作系统下下载和安装 Python 3.11.1 版本，其下载界面如图 1-1 所示。用户可以根据自己的操作系统，选择支持该系统的安装包，或选择其他 Python 版本。

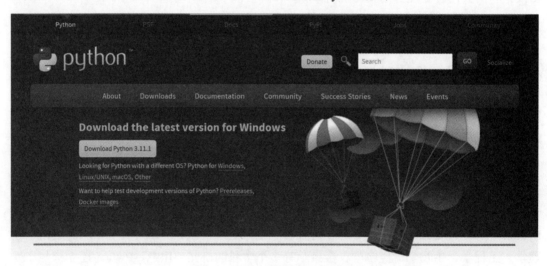

图 1-1　Python 安装包下载界面

　　软件下载完成后，双击打开下载的 Python 安装程序 Python 3.11.1.exe，启动安装向导，接下来用户按提示操作即可。在如图 1-2 所示的安装程序界面中，安装路径可以选择默认路径，也可以自定义。需要注意的是，建议勾选"Add python.exe to PATH"复选框，这样可以将 Python 的可执行文件路径添加到 Windows 操作系统的环境变量 PATH 中，以便在将来的开发中启动各种 Python 工具。

　　若读者要进行自定义安装，可以单击如图 1-2 所示的"Customize installation"按钮，然后对 Python 的默认安装路径进行修改。为了在计算机系统中选定一个合适的安装位置，读者可通过单击图 1-3 中的"Browse"按钮进行浏览。在选定安装路径时，应避免将 Python 安装在操作系统所在的分区，并且最好选取不包含中文字符的路径，以确保安装过程的顺利进行。在如图 1-3 所示的界面中，读者亦会注意到一系列高级选项（"Advanced

Options"）。对于大多数用户而言，维持这些选项的默认设置即可满足常规安装需求。

图 1-2 Python 安装向导

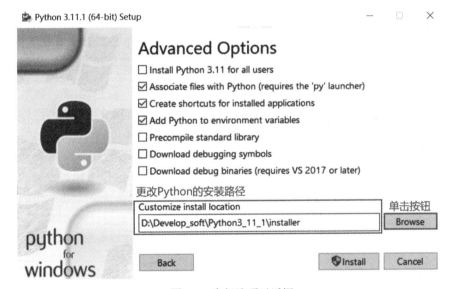

图 1-3 高级选项对话框

确定好安装路径之后，单击如图 1-3 所示的"Install"按钮。如果您使用的计算机是 Windows 10 操作系统，那么在单击"Install"之后，系统将会弹出一个"用户账户控制"对话框。这是 Windows 的安全机制，旨在询问您是否授权该应用程序对您的设备进行必要的系统更改。通过单击该对话框中明确标记为"OK"的按钮，可给予 Python 安装程序所需的权限，从而正式启动安装过程。

接下来，安装程序将执行一系列后台操作，包括文件复制、注册表更新等。请耐心等待此过程完成。当所有安装步骤顺利完成后，系统将呈现一个标题为"Setup was successful"的对话框，明确告知您 Python 已成功安装在您的计算机上。此时，只需单击对话框中的"Close"按钮，即可关闭安装向导并完成安装。

为了确保 Python 确实已正确安装并可正常运行，您需要进行一项简短的测试。在 Windows 10 环境下，可以通过以下步骤进行验证。

(1) 打开命令提示符。首先，访问位于屏幕左下角的"开始"菜单，在开始菜单的搜索栏 (通常标注为"在这里输入你要搜索的内容") 中键入"cmd"，或者使用快捷键"Win + R"打开"运行"对话框并在其中输入"cmd"，然后按下"Enter"键。这两种方式都将启动 Windows 的命令提示符窗口。

(2) 运行 Python 命令。在打开的命令提示符窗口中，会看到一个闪烁的光标，表示已准备好接收指令。在此处，键入单词"python"(不带引号)，然后按下"Enter"键。这将命令系统尝试执行与 Python 相关的程序。

(3) 检查输出与结论。如果 Python 安装无误且路径设置正确，命令提示符将显示 Python 解释器的版本信息，通常包括版本号、版权信息以及一些启动提示。不仅如此，您还将看到一个">>>"提示符，表明已成功进入 Python 的交互式环境。这意味着 Python 不仅已成功安装，而且已准备就绪，可供用户直接输入并执行 Python 代码。

1.2.2　第三方集成开发环境 PyCharm 的下载与安装

IDLE 是 Python 自带的集成开发环境 (IDE)，其功能相对简单；而 PyCharm 则是 JetBrains 公司开发的专业级的较常用的 Python IDE，PyCharm 具有典型 IDE 的多种功能，比如程序调试、语法高亮、智能提示、项目管理、代码管理、自动测试等。

在常用的网络浏览器中，在地址栏内键入"PyCharm 官网"这一搜索词，浏览器将自动导航至 PyCharm 的官网，这是一个权威且安全的网站，访问该网站可获取最新版本的 PyCharm 并进入下载界面。尽管 PyCharm 的官网界面及提供的软件版本随着更新迭代可能会有所不同，但访问官网、进入下载界面并依据直观的引导进行下载与安装的基本逻辑是基本相同的。只需按照当前网页的指示进行操作，便能成功获取并安装所需的 PyCharm 版本。如图 1-4 所示是 PyCharm 的下载界面。

图 1-4　PyCharm 下载界面

读者可以根据自己的操作系统下载不同版本的 PyCharm，PyCharm 支持 Windows、macOS 和 Linux 操作系统。PyCharm 有两个版本：一个是付费版 (Professional)，它提供 Python IDE 的所有功能，除了支持 Web 开发以及 Flask、Django 等引擎，还支持远程开发、Python 程序分析器、数据库和 SQL 语句等，适用于专业开发人员或企业员工；另一个是社区版 (Community)，它是轻量级的 Python IDE，免费使用并且能开源，但是它只支持 Python 开发，适合初学者或学生使用。本书主要使用 Windows 10 操作系统下的 PyCharm 社区版。下载完成后，就可以安装 PyCharm 了，读者只需要根据安装向导的提示逐步安装即可。

1.3　Python 程序的编写与运行

1.3.1　如何编写 Python 程序

Python 作为一种解释型编程语言，其主要有交互式编程与源代码编程两种编程模式。

1. 交互式编程

交互式编程是一种即时反馈的编程模式，较适合学习、实验与调试代码。在 Python 环境中，实现交互式编程的关键步骤如下：

(1) 启动 IDLE 工具。首先，读者需要启动 Python 自带的集成开发环境，通常可以在操作系统中找到 IDLE 的图标并双击打开。

(2) 进入交互式编程界面。成功启动 IDLE 后，系统将自动加载其核心组件——Python Shell，即交互式编程环境。其界面如图 1-5 所示，通常包含提示符 (如 >>>)，表示已准备好接收用户的输入。

(3) 实时执行与测试代码。在 Python Shell 中，可以直接键入一行或多行 Python 语句或表达式，然后按 "Enter" 键。Python 解释器会立即解析并执行这些代码，并将结果直接显示在 Shell 下方。

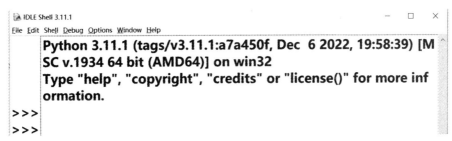

图 1-5　交互式编程环境界面

2. 源代码编程

源代码编程是使用纯文本形式编写 Python 程序的一种常规方法，具体流程如下：

(1) 创建 Python 源代码文件。新建一个纯文本文件，专门用于编写 Python 代码。确保所使用的文本编辑器能够正确处理无格式文本，并且不会引入额外的字符或编码问题。此文本文件将是程序逻辑、变量定义、函数声明、类结构等编程内容的载体。

(2) 指定文件扩展名。代码编写完成后，将该文本文件保存为特定的文件格式，即以 .py 作为扩展名。例如，若程序名为 example，则应保存为 example.py。这一特定扩展名标识了该文件为 Python 源代码文件，使得 Python 解释器能识别并处理其中的内容。

(3) 运行 Python 文件。要执行已保存的 Python 源代码，有多种方法可供选择，主要分为两类：使用官方 IDLE 工具和使用第三方工具。无论是使用官方 IDLE 还是使用第三方开发工具，运行 Python 文件的本质都是调用 Python 解释器对源代码进行解析和执行，从而得到程序的输出结果。本书中的所有示例代码均采用了这两种方式中的一个进行运行和验证，确保代码的正确性和可复现性，以便读者在学习的过程中能够顺利地实践和理解所学知识。

1.3.2 在 IDLE 中运行 Python 程序

启动 Python 自带的集成开发环境 IDLE，在主界面的菜单栏中，找到并单击"File"（文件）选项。在下拉菜单中，选择"New File"（新建文件）即可创建一个新的空白文本文件。为新创建的文件赋予有意义的名称（这里以"test.py"为例），并确保文件扩展名为 .py，这表明该文件包含了 Python 源代码。接着，通过菜单栏的"Save"（保存）或相应快捷键（通常为 Ctrl + S）将文件保存到指定的工作目录。接下来继续编写测试代码，在打开的"test.py"文件中，输入如图 1-6 所示的代码，即使用 Python 的 print() 函数输出字符串"hello python"。保存好代码后，进入执行阶段。在菜单栏中，选择"Run"（运行）菜单项，并在其子菜单中单击"Run Module"（运行模块）。此外，也可以直接使用快捷键 F5，这是一个通用的快捷方式，多数 IDE 支持通过它快速运行当前的 Python 文件。

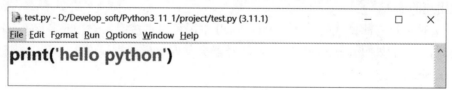

图 1-6　在 IDLE 中运行 Python 程序

1.3.3 在 PyCharm 中建立与运行 Python 程序

在 PyCharm 中建立与运行 Python 程序的步骤如下。

(1) 启动 PyCharm 应用程序，呈现如图 1-7 所示的界面，此时用户可以选择"New Project"（新建项目）选项以继续操作。

(2) 单击"New Proiect"，弹出如图 1-8 所示的窗口，在该界面可以对项目存储位置和项目 Python 进行配置，一般选择默认设置。用户也可以对存储位置进行修改（建议修改），修改完成后单击"Create"，即可完成项目创建。

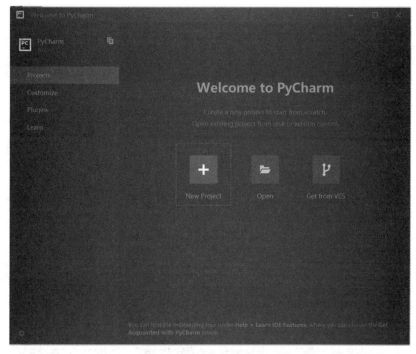

图 1-7　PyCharm 新建项目

图 1-8　PyCharm 项目存储位置配置

(3) 首次创建项目需要等待一段时间，以加载相关文件。默认情况下，会创建一个 main.py 文件 (见图 1-9)，单击"Run"菜单的第一个选项或按快捷键"Shift + F10" (见图

1-10) 即可运行 Python 程序，最后输出运行结果"Hi，PyCharm"。

图 1-9　PyCharm 默认创建 main.py 文件

图 1-10　PyCharm 运行程序

1.4　Python 的编程规范与技巧

1.4.1　Python 代码设计规范

学习 Python 语法之前，需要先了解 Python 的注释规则、代码缩进、编码规范等代码设计规范。

1. 注释规则

在日常生活场景中，当人们到超市采购商品时，在各类商品上均可见到详尽的商品标签，它们承载着关键的商品数据，便于消费者迅速了解并获取所需信息。与此相似，在计算机编程实践中，尤其是在完成程序编码之后，程序员往往会嵌入一些说明性文字至代码中，这些说明性文字即被称为注释。注释会被编译器或解释器所忽略，且并不会对实际运行结果产生任何影响，其重要作用在于增强代码的可读性和可维护性，为后续的学习者、开发者提供清晰的指导与背景解读。

在 Python 编程语言中，注释具有两种常见的书写样式：一是单行注释，它用于对单行代码或简短概念进行解释，通过在行首添加"井"号 (#) 标识；二是多行注释，适用于较长篇幅的说明，可通过成对的三个连续的单引号 (''') 或双引号 (""") 包裹多行文本实现。这两种注释样式均旨在提升代码文档化水平，确保代码意图得以准确传达且易于理解。

单行注释格式如下：

```
# 注释内容
```

使用成对的三个单引号的多行注释格式如下：

```
'''
注释内容 1
注释内容 2
...
注释内容 N
'''
```

使用成对的三个双引号的多行注释格式如下：

```
"""
注释内容 1
注释内容 2
...
注释内容 N
"""
```

2. 代码缩进

Python 编程语言对代码缩进的规定极为严谨，它有别于诸如 Java 或 C 语言等其他编程语言所采用的大括号"{ }"来界定代码块的做法。在 Python 中，代码块的划分及层级结构是通过特定的缩进方式以及冒号":"来确立的。在编程实践中，一般将四个空格作为代码缩进的基本单位，以此来表示代码逻辑上的从属关系和结构层次。当然，默认情况下，一个制表符 (Tab) 在某些环境下也可用来实现相同的缩进效果，但在实际开发中建议统一使用空格，以避免跨平台和编辑器时潜在的缩进不一致的问题，同时还可保持代码的整洁与易读性。

在 Python 编程语言的语法规则中，无论是对类的构造、函数的定义、流程控制结构的组织，还是异常处理机制的实现，均通过严谨的代码缩进来界定各个逻辑单元的起始与终止位置。换言之，在 Python 中，诸如类声明、函数体、条件判断、循环结构以及 try...except 等结构，必须通过统一且一致的缩进规则来清晰地展现代码块间的隶属关系和执行顺序。关于这个重要的缩进规则及其在各类语句中的具体应用实例，将在后续相关的章节深入探讨并辅以详细的代码演示来加以阐释。

3. 编码规范

在 Python 编程领域内，遵循的编码风格规范是 PEP 8，全称为 Python Enhancement Proposal 8。PEP 作为一种正式的文档格式，旨在推动 Python 语言的改进与发展，而编号"8"的 PEP 专指针对 Python 源代码编写的样式和格式而设立的标准指南。此规范详尽列举了一系列编码准则，涵盖了诸如缩进、命名约定、行长度限制、空白区域使用、导入模块的排列顺序等多个方面的重要细节。在实际教学或开发过程中，经常会对 PEP 8 中的一些核心和通用条目进行重点阐述，以指导开发者编写出既符合社区共识又易于阅读和维护的 Python 代码。

每个 import 语句建议仅导入一个模块，尽量避免一次导入多个模块。推荐写法如下：

```
import os
import math
```

在 Python 编程语言中，惯例上并不鼓励在单行代码结尾处添加分号";"作为语句终止符，即使这样的做法在语法层面不会引发错误。同样地，尽管可以将两条独立的语句在同一行内通过分号进行分隔，但这并非 Python 编程的最佳实践，故而不推荐这种做法。为了保持代码的清晰度和一致性，建议每条语句独占一行，从而提高代码的可读性和可维护性。推荐写法如下：

```
print('hello Python')
print('hello Pycharm')
```

在遵循 PEP 8 编码规范的前提下，建议每行 Python 代码尽量不超过 80 个字符的长度，以保证代码的简洁性和良好的可读性。当遇到较长的单行表达式无法在此限定长度内完整展示时，可以采取以下两种策略进行合理分割：

(1) 利用圆括号"()"进行行内逻辑组合。推荐的做法是将超出长度限制的部分封装在圆括号内，并在合适的位置进行换行，使得原本冗长的表达式能够在多行中清晰展现，同时保持其语法的完整性。推荐写法如下：

```
s = ('我不去想是否能够成功，既然选择了远方'
     '便只顾风雨兼程')
```

(2) 借助反斜杠"\"作为续行符，将其置于需换行处的末尾，Python 解释器会自动将其与下一行的内容合并为一行进行解析。

注意：当导入模块语句较长或引号中是 URL(统一资源定位符)时，若需要分行，可使用反斜杠"\"进行连接。

在 Python 编程中，建议养成良好的习惯，严格遵循 PEP 8 规范。完整的编码规范可以参考官网。

1.4.2 Python 帮助文档

Python 作为一种强大的编程语言，其优势之一是它拥有庞大的标准库和众多第三方模块，这些模块提供了各种各样的功能，极大地扩展了 Python 的应用范围。在编程过程中需要用到某个模块或函数的具体信息时，可直接利用 Python 自带的帮助系统，这是非常高效且准确的方法，无须离开编程环境去网上搜索文档。

以下是几种在 Python 环境中快速查询模块和函数帮助信息的方法。

1. 使用 help() 函数

在 Python 交互式 Shell(如 IDLE、Jupyter Notebook、终端等)中，可以通过 help() 函数查看任何内置函数、模块或对象的文档字符串 (docstring)。例如：

```
import math
help(math)       # 查看 math 模块的帮助文档
help(math.sin)   # 查看 math 模块中 sin 函数的帮助信息
```

通过这段代码，可在交互式环境中打开一个包含相关帮助信息的新窗口或文本输出。

2. 使用 ? 或 ??(在 IPython 或 Jupyter 中)

在 IPython Shell 或 Jupyter Notebook 中，可以更加直观地查看帮助信息：

```
math.sin?
```

这段代码使用问号来获取简化的帮助信息，也可采用两个问号，此情况下将显示源码，这对于深入了解实现细节很有帮助。

3. 查阅模块的 __doc__ 属性

所有 Python 模块和函数都有一个内置的 __doc__ 属性，它包含了模块或函数的文档字符串：

```
print(math.__doc__)   # 输出 math 模块的文档字符串
```

4. 在 IDE 中集成的帮助功能

许多现代 IDE(如 PyCharm、VS Code 等)都集成了 Python 文档查询功能，可以通过快捷键或鼠标右键菜单直接查看函数或模块的帮助文档。

熟练运用这些内置的帮助机制，可以让开发者在编程过程中迅速获得准确的信息，从而提高开发效率。

在 Python 的 IDLE 中输入 help() 函数即可查看到 Python 对应版本的帮助文档的界面和网址信息，如图 1-11 所示。

```
>>> help()

Welcome to Python 3.11's help utility!

If this is your first time using Python, you should definitely check out
the tutorial on the internet at https://docs.python.org/3.11/tutorial/.

Enter the name of any module, keyword, or topic to get help on writing
Python programs and using Python modules.  To quit this help utility and
return to the interpreter, just type "quit".

To get a list of available modules, keywords, symbols, or topics, type
"modules", "keywords", "symbols", or "topics".  Each module also comes
with a one-line summary of what it does; to list the modules whose name
or summary contain a given string such as "spam", type "modules spam".
```

图 1-11　IDLE 帮助界面

　　进入 help 帮助文档界面后，根据屏幕提示可继续键入相应关键词进行查询，例如继续键入 modules 可以列出当前所有安装的模块（如图 1-12 所示，仅展示部分模块），进一步可以输入对应的模块名称，查询模块对应的方法，如图 1-13 所示。

```
help> modules

Please wait a moment while I gather a list of all available modules...

test_sqlite3: testing with version '2.6.0', sqlite_version '3.39.4'

Warning (from warnings module):
  File "D:\Develop_soft\Python3_11_1\installer\Lib\site-packages\_distutils_hack\__init__.py", line
33
    warnings.warn("Setuptools is replacing distutils.")
UserWarning: Setuptools is replacing distutils.
__future__         abc            heapq           sched
__hello__          aifc           help            scrolledlist
__main__           antigravity    help_about      search
__phello__         argparse       history         searchbase
_abc               array          hmac            searchengine
aix_support        ast            html            secrets
```

图 1-12　查看所有安装的模块

```
help> math
Help on built-in module math:

NAME
    math

DESCRIPTION
    This module provides access to the mathematical functions
    defined by the C standard.

FUNCTIONS
    acos(x, /)
        Return the arc cosine (measured in radians) of x.
```

图 1-13　查询模块对应的方法

　　也可以先导入对应的模块，然后再使用帮助文档查询模块使用方法，如图 1-14 所示。

```
>>> import math
>>> help(math)
    Help on built-in module math:

    NAME
      math

    DESCRIPTION
      This module provides access to the mathematical functions
      defined by the C standard.

    FUNCTIONS
      acos(x, /)
        Return the arc cosine (measured in radians) of x.
```

图 1-14　先导入模块再进行查询

1.4.3　Python 程序设计方法

程序设计是科学与艺术的结合，它致力于构建一组有序指令的集合，以服务于特定的计算任务，并解决实际问题。遵循软件工程的原则，程序设计过程往往会被划分为多个阶段，依次包括需求分析、系统设计、编码实现、测试验证以及最终部署运行等步骤。

在 Python 编程实践中，通常采纳结构化设计的理念，这是程序设计的一种经典且基础的方法论。结构化程序设计主张将复杂的程序体系逐步拆解为一系列相互独立且功能明确的小程序单元，然后分别对这些单元进行细致的设计与实现工作。这种自顶向下、逐层细化的设计方法，有助于简化复杂问题，提高程序的可读性和可维护性。

在具体的程序实现过程中，常常借鉴 IPO(Input-Process-Output) 模式，这是一种常见的程序结构框架。在 IPO 模式中，"输入"环节是程序的起始点，负责接收外部数据，其来源可以是多样化的，包括但不限于文件读取、网络通信、用户交互输入或调用参数等途径。"处理"环节是程序的核心，涉及对输入数据的加工与处理，这不仅包括基本的数据操作与赋值，更关键的是实现高效的算法逻辑，以达到解决问题的目的。"输出"环节是程序运行的结果展示，它可以将数据写入文件，也可以生成可视化图表或文本信息等，目的是将程序处理后的有效信息反馈给用户或系统。

结构化程序设计和 IPO 模式共同构成了 Python 程序设计的基本理念与框架，为高效、清晰地解决计算问题提供了有力的支撑。

本 章 小 结

本章旨在对 Python 语言进行初步的介绍，首先简述了 Python 语言的发展历程、显著特点以及其在各领域的应用场景；然后详细介绍了如何安装官方的 IDLE 环境和广受欢迎的第三方集成环境 PyCharm，并提供了清晰的安装指南；最后还展示了在这两种环境中 Python 程序的编写和运行，并给出了编写规范与技巧，旨在为读者提供一个清晰、易于理解的学习路径。

本章思维导图如下：

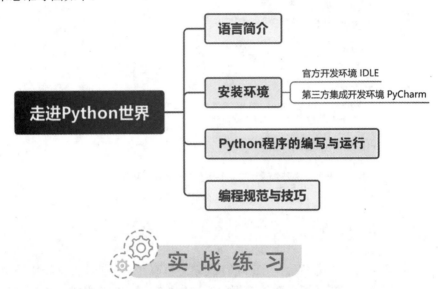

实 战 练 习

1. 搭建一个 Python 开发环境。
2. 编写一个 Python 程序，输出 "Hello World"。
3. 试比较交互式编译器与第三方集成开发环境的优缺点。

第 2 章

Python 基础知识

2.1 输入与输出

在计算机科学领域，人机交互是系统设计的重要组成部分，它通过输入函数获取用户的指令或数据，通过输出函数展示计算结果或系统状态。在 Python 编程语言中，同样内建了用于实现这一功能的输入和输出函数。通过输入和输出函数，Python 程序能够有效地与用户进行互动交流，实现数据的接收和结果显示，从而大大增强了程序的实用性与交互性。

2.1.1 使用 print() 函数输出

在 Python 编程语言中，print() 函数被广泛应用于信息的输出，它具备灵活且多样化的输出功能。该函数不仅能处理单一变量的输出，还支持同时输出多个变量，并且具备对输出格式的精细控制能力。

内置函数 print() 用于输出信息到标准控制台或指定文件，其语法格式如下：

```
print(value1，value2，...，sep=' '，end='\n'，file=sys.stdout，flush=False)
```

其中，value 为需要输出的内容 (可以有多个)；sep 参数用于指定数据之间的分隔符，默认为空格；end 参数用于每个 print 语句的结尾，默认为换行符；file 参数用于指定输出位置，默认为标准控制台，也可以重定向输出到文件。

示例代码如下：

```
# 输出单个内容
>>>print(2)
2
>>>print('hello')
hello
# 输出多个内容
```

```
>>>print(2，3，4)
2 3 4
>>>print('a', 'b', 'c')
a b c
# 修改默认分隔符及结尾符号
>>>print(2，3，4, sep='\t',end='##')
2	3	4##
```

2.1.2　使用 input() 函数输入

input() 函数在 Python 中承担着接收用户通过键盘输入的数据的任务，它所接收到的所有内容均被视为字符串类型。这意味着无论用户输入的是数字、字母还是特殊符号，input() 函数都将其作为字符串进行处理。

如果在实际应用中需要将用户输入的字符串转换为数值类型以便进行数学计算或其他相应操作，可以利用 Python 内置的类型转换函数，具体如下：

(1) int() 函数：将字符串转换为整数类型。若字符串无法转换为整数，将会抛出 ValueError 异常。

(2) float() 函数：将字符串转换为浮点数类型。同样，若字符串无法转换为合法的浮点数，则会触发 ValueError 异常。

(3) eval() 函数：这是一个更为强大的函数，它可以解析并执行一个字符串表达式，并返回表达式的结果。使用 eval() 能够直接将用户输入的字符串当作 Python 表达式来求值，但需要注意其安全性，因为它允许执行任意 Python 代码，存在安全隐患。

在实际编程中，务必谨慎使用 eval() 函数，并在必要时做好安全过滤，防止恶意代码注入。对于大部分应用场景，使用 int() 和 float() 函数足以满足将用户输入转换为数值类型的需求。

示例代码如下：

```
>>> x = input(' 请输入一个数：')
请输入一个数：12
>>> x
'12'
>>> type(x)  # 查看输入类型，为字符串
<class 'str'>
>>> x = eval(x)  # 转换为数值类型
>>> type(x)
<class 'int'>
```

2.2　标识符与关键字

2.2.1　标识符

标识符在 Python 编程中扮演着如同实物标签的角色，用于标记和区分不同的编程实体 (如变量、函数、类、模块等)。Python 中标识符的命名规则如下：

(1) 由字母、下画线 "_" 和数字组成。第一个字符不能是数字，字母可以是 A～Z 和 a～z 中的元素。

(2) 不能使用 Python 中的关键字。

(3) 区分字母大小写 (也就是说，同一个单词的大写和小写不是同一个变量)

在 Python 编程实践中，尽管理论上可以使用中文字符作为变量名，但这并不符合编码规范和国际通行做法，且可能会导致代码可读性降低，因此强烈建议避免使用中文字符作为变量标识符。值得注意的是，Python 作为一种动态类型语言，其变量并无硬性规定需要预先声明类型，变量的类型会在首次赋值时自动确定，即所谓的 "赋值即定义" 原则。

2.2.2　关键字

关键字在 Python 编程语言中具有特别重要的地位，它们是预先定义好的具有特定功能和含义的词汇。由于这些词汇已经被 Python 语言的内部机制所占用，因此在编写程序时，开发者不能将关键字用作自定义的变量名、函数名、类名、模块名或者其他任何标识符。这样做会导致语法错误，因为 Python 解释器会将这些关键字视作特殊指令而非用户自定义的对象名称。

举个例子，Python 的关键字如 input、print 就对应着输入、输出的功能。若使用这些关键字作为变量名，则会引发语法错误，阻碍程序正常解析与执行。了解和遵守 Python 的关键字列表是编写有效 Python 代码的基础之一。Python 中的关键字可以通过以下命令查看：

```
>>> import keyword
>>> keyword.kwlist
['False', 'None', 'True', 'and', 'as', 'assert', 'async', 'await', 'break', 'class', 'continue', 'def', 'del', 'elif',
'else', 'except', 'finally', 'for', 'from', 'global', 'if', 'import', 'in', 'is', 'lambda', 'nonlocal', 'not', 'or', 'pass', 'raise',
'return', 'try', 'while', 'with', 'yield']
```

2.3 Python 中的变量

2.3.1 变量的定义与使用

在 Python 中，无须预先声明变量的名称及其对应的数据类型。这种机制赋予了变量双重灵活性：其存储的值不仅能够在程序运行过程中随时更新，而且变量本身的类型亦可根据需要动态转换。但是变量在命名的时候不能随心所欲，需要符合标识符的命名规则。为变量赋值可以通过赋值运算符 (=) 来实现。其语法格式如下：

```
变量名 = value
```

示例代码如下：

```
>>> data = 'python'
>>> type(data)
<class 'str'>
>>> data1 = 2
>>> type(data1)
<class 'int'>
>>> data2 = 2.3
>>> type(data2)
<class 'float'>
```

在上述代码中，我们首先创建一个变量 data 并为其赋值"python"，通过 type() 函数查看到 data 的数据类型为"str"（字符串类型）；随后又创建了一个"int"类型（整数类型）的变量 data1 并为其赋值 2；接着又创建了一个"float"类型（浮点数类型）的变量 data2 并为其赋值 2.3。

2.3.2 理解 Python 中的变量

在 Python 中，已创建的变量具备双重灵活性，这种特性赋予了 Python"动态类型语言"的称号。下面通过一个具体的代码示例对此进行说明，示例代码如下：

```
>>> data3 = 2
>>> type(data3)
<class 'int'>
>>>data3 = float(data3)
>>> type(data3)
<class 'float'>
```

在上述代码中，首先我们创建一个变量 data3，为其赋值 2，Python 会自动识别并将其视为整数类型变量。Python 的动态类型特性允许我们在后续的代码中更改该变量的类型。接下来我们调用 Python 的内置函数 float()，它能将一个整数或字符串类型的值转换为浮点数，经过转换后的 data3 变量已动态地成为浮点数类型。

Python 采用基于值的内存管理模式。在执行赋值操作时，该机制遵循如下步骤：

(1) 计算赋值语句右侧表达式所代表的值，此过程确保待存储的数据已经得到充分的解析与计算。

(2) 在内存中为该值分配一个合适的位置以进行存储。这是通过系统自动管理的内存分配机制实现的，确保数据得以安全、有效地存放在内存空间内。

(3) 创建一个变量并将其绑定到上述内存地址上。此处，"绑定"意味着变量并非直接保存值本身，而是作为指向内存中实际值的引用或指针存在。因此，变量实质上充当了访问内存中特定值的便捷途径。

值得注意的是，Python 语言允许不同变量共享同一内存地址，即多个变量可以同时指向同一个值。例如，当两个不同的变量被赋予相同的值时，尽管它们在逻辑上表现为独立的标识符，但通过 id() 函数检测会发现，这两个变量实际上指向内存中的同一位置。这种特性体现了 Python 在内存管理上的高效性和灵活性，尤其在处理大量重复数据或需要共享状态的场景中尤为有用。以下通过一个具体的代码示例对此进行说明，示例代码如下：

```
>>> data4 = 100
>>> data5 = 100
>>> id(data4)
140714994255384
>>> id(data5)
140714994255384
```

在上述代码中，创建了两个变量 data4 和 data5，均赋值 100，这两个变量实际上指向了内存中的同一位置。

2.4　Python 的基本数据类型

同其他语言一样，Python 也有多种数据类型，其中最基础的数据类型是数值类型、字符串类型和布尔类型。

2.4.1　数值类型

在生活中，我们频繁地使用数字来量化企业业绩、网站浏览量、学生成绩等信息。

Python 语言为此类数值数据的存储提供了相应的数值类型,支持的数值类型主要包括整数、浮点数和复数。

1. 整数

整数类型用于表示不含小数部分的数值,包括正整数和负整数。在 Python 中,整数的位数理论上不受限,仅受限于实际计算机系统的内存容量。Python 中整数可采用四种不同的进制表示:二进制(以前缀 0b 或 0B 标识)、八进制(以前缀 0o 或 0O 标识)、十进制(无前缀,直接书写)以及十六进制(以前缀 0x 或 0X 标识)。Python 内建的整数类型标识符为"int",默认为十进制。

以下示例定义了一个整型数,用于存储年龄信息,代码如下:

```
>>> age = 80
>>> type(age)
<class 'int'>
```

2. 浮点数

浮点数类型适用于含有小数部分的数值,它由一个整数部分和一个小数部分构成,主要用于存储包含小数的数。在 Python 中,浮点数类型的标识符为"float"。

以下示例定义了一个浮点型变量数,代码如下:

```
>>> score = 2.3
>>> type(score)
<class 'float'>
```

此外,浮点数还支持用科学计数法表示,其形式为一个数字乘以 10 的幂次,其中 10 的幂次用小写字母 e(或大写字母 E) 后跟一个整数表示。示例代码如下:

```
>>> data = 3.7e2
>>> type(data)
<class 'float'>
```

■ 实例 1 BMI(身体质量指数) 的计算与分类

BMI 作为一种衡量人体体重与身高之间关系的常用指标,其计算公式定义为

$$BMI = 体重 (kg) \div 身高^2(m^2)$$

本实例旨在编写一个程序,根据用户提供的体重和身高数据计算 BMI 值,并依据国际及国内两种分类标准 (见表 2-1),分别输出对应的 BMI 分类结果。

表 2-1 BMI 值分类标准

分类	国际 BMI 值 /(kg/m²)	国内 BMI 值 /(kg/m²)
偏瘦	<18.5	<18.5
正常	18.5~25	18.5~24
偏胖	25~30	24~28
肥胖	≥30	≥28

示例代码如下：

```
# 请求用户输入身高 (m) 和体重 (kg)，以逗号分隔
height, weight = eval(input(" 请输入身高 (m) 和体重 (kg)[ 逗号隔开 ]: "))


# 计算 BMI 值，公式为：BMI = 体重 (kg) / 身高 ²(m²)
bmi = weight / pow(height, 2)


# 输出 BMI 值，保留两位小数
print("BMI 数值为：{:.2f}".format(bmi))


# 初始化用于存储国际 (WTO 标准 ) 和国内 ( 我国卫健委标准 )BMI 分类结果的变量
wto, dom = "", ""


# 根据 BMI 值判断并设置国际 (WTO 标准 ) 分类结果
if bmi < 18.5: # WTO 标准：偏瘦
    wto = " 偏瘦 "
elif bmi < 25: # WTO 标准：正常 (18.5 <= bmi < 25)
    wto = " 正常 "
elif bmi < 30: # WTO 标准：偏胖 (25 <= bmi < 30)
    wto = " 偏胖 "
else: # WTO 标准：肥胖 (bmi >= 30)
    wto = " 肥胖 "


# 根据 BMI 值判断并设置国内 ( 我国卫健委标准 ) 分类结果
if bmi < 18.5: # 我国卫健委标准：偏瘦
  dom = " 偏瘦 "
elif bmi < 24: # 我国卫健委标准：正常 (18.5 <= bmi < 24)
  dom = " 正常 "
elif bmi < 28: # 我国卫健委标准：偏胖 (24 <= bmi < 28)
  dom = " 偏胖 "
else: # 我国卫健委标准：肥胖 (bmi >= 28)
  dom = " 肥胖 "


# 输出国际和国内 BMI 分类结果
print("BMI 指标为 : 国际 '{0}'，国内 '{1}'".format(wto, dom))
```

3. 复数

在 Python 语言中，复数类型与数学领域所定义的复数概念保持一致，其结构由两部

分构成：实部与虚部。虚部通常以小写字母"j"或大写字母"J"作为标识。一个复数可以由实部与虚部之和予以表示，当然，在无实部的情况下，仅包含虚部时亦可构成合法的复数。Python 内建的复数类型标识符为"complex"。示例代码如下：

```
# 实部 + 虚部
>>> com = 3 + 4j
>>> type(com)
<class 'complex'>


# 仅包含虚部
>>> com1 = 3.7j
>>> type(com1)
<class 'complex'>
```

2.4.2　字符串类型

字符串是一种由若干字符组成的有序且不可变的数据结构。在 Python 中，无论是单一字符还是多字符序列，都被视为字符串这一数据类型。为创建字符串，Python 提供了三种等价的语法格式：单引号 (' ')、双引号 (" ") 以及三引号 (''' ''')。尽管这三种语法在视觉呈现上有所不同，但在程序语义层面上并无本质区别，均可有效地界定并初始化字符串。现通过实例展示这三种形式的字符串定义。示例代码如下：

```
>>>str_1 = 'python'
>>>type(str_1)
<class 'str'>
>>>str_2 = "python"
>>>type(str_2)
<class 'str'>
>>>str_3 = '''python'''
>>>type(str_3)
<class 'str'>
```

更多关于字符串的操作在第 3 章中详细介绍。

2.4.3　布尔类型

布尔类型主要用于表达逻辑上的真与假的状态。在 Python 中，真与假分别对应预定义的关键字"True"和"False"，二者共同构成了布尔值的范畴。值得注意的是，Python 中的布尔值在特定情境下可与数值进行相互转换，其中 True 等同于整数 1，而 False 等同于整数 0。此外，布尔值同样支持算术运算操作。

在 Python 的逻辑判断中，大多数非零数值、非空序列 (如字符串、列表、元组等)、非空映射 (如字典) 以及非空集合等对象通常被视作逻辑 True；反之，诸如 0、0.0、虚部为 0 的复数、空字符串、空元组、空列表、空字典和空集合等对象则通常被视为逻辑 False。

Python 内建了一种名为 "bool" 的类型对象，它也是整数类型 "int" 的子类。预定义的 True 和 False 常量即是 "bool" 类型的两个实例。若要对任意对象进行逻辑真假判断，可直接调用内置的 "bool" 函数。示例代码如下：

```
>>> data1 = 0
>>> bool(data1)
False
>>> data2 = "
>>> bool(data2)
False
>>> data3 = []
>>> bool(data3)
False
>>> data4 = ()
>>> bool(data4)
False
>>> data5 = {}
>>> bool(data5)
False
```

2.4.4　空值

None 是 Python 中独有的特殊数据类型，它不同于空列表、空字符串、空序列等，它是一种特殊的存在，表示什么都没有。示例代码如下：

```
>>> data = None
>>> type(data)
<class 'NoneType'>
```

2.4.5　数据类型转换

在 Python 的实际开发中，经常会对不同的数据进行转换。数据类型的转换需要用到 Python 语言内建的一系列转换函数，这些函数能够接收特定类型的输入值，并返回一个新对象，该对象代表了经过相应转换操作后所得的值。常见的数据类型转换函数如表 2-2 所示。

表 2-2　常见数据类型转换函数

转换函数	函 数 描 述
int(x [，base])	将 x 转换为一个整数
float(x)	将 x 转换为一个浮点数
complex(real [，imag])	创建一个复数
str(x)	将 x 转换为字符串
ord(x)	将一个字符转换为它对应的 ASCII 码的整数值
hex(x)	将一个整数转换为一个十六进制数形式的字符串
oct(x)	将一个整数转换为一个八进制数形式的字符串

2.5　Python 的运算符

Python 语言提供了丰富多样的运算符，涵盖了算术运算、赋值、比较、逻辑运算、位操作、成员关系以及对象身份判断等多种功能。

2.5.1　算术运算符

算术运算符用于算术运算，主要实现数值的加、减、乘、除、取模、求幂和整除除法等基本操作。具体示例代码如下：

```
>>> a = 5
>>> b = 2
>>> a + b
7
>>> a - b
3
>>> a * b
10
>>> a / b
2.5
>>> a % b    #返回除法的余数
1
>>> a ** b
25
>>> a // b
2
```

注意：在使用除法 (/)、取模 (%) 和整除 (//) 运算符时，第二个操作数 (b) 必须不为零，否则程序将抛出"ZeroDivisionError: integer division or modulo by zero"异常，提示进行了除以零的非法操作。

2.5.2　赋值运算符

赋值运算符在 Python 中扮演着为变量分配特定值的角色。事实上，所有基本算术运算符 (如加、减、乘、除、取模、求幂、整除等) 与等号 (=) 结合使用时，即可形成对应的复合赋值运算符。这些运算符不仅执行相应的算术运算，同时还将运算结果赋值给左侧的变量。赋值运算符及对应描述如表 2-3 所示。

表 2-3　赋值运算符及对应描述

运算符	描　　述
=	最简单的赋值运算符
+=	加法赋值运算符
-=	减法赋值运算符
*=	乘法赋值运算符
/=	除法赋值运算符
%=	取模赋值运算符
**=	幂赋值运算符
//=	整除赋值运算符

示例代码如下：

```
>>> a = 5
>>> b = 2
>>> a += b
>>> a
7
>>> a -= b
>>> a
5
>>> a *= b
>>> a
10
```

2.5.3　比较 (关系) 运算符

比较运算符，又称为关系运算符，用于对具有可比性属性的对象或数值进行大小、等价等关系的判断。比较运算符及对应描述如表 2-4 所示。

表 2-4　比较运算符及对应描述

运算符	描　述
==	等于
!=	不等于
>	大于
<	小于
>=	大于等于
<=	小于等于

示例代码如下：

```
>>> a = 3
>>> b = 3
>>> a==b
True
>>> a!=b
False
```

2.5.4　逻辑运算符

逻辑运算符用于构建复杂的逻辑条件，通常在控制流结构中作为复合条件的组成部分，用于表达多个条件之间的逻辑关联。逻辑运算符及对应描述如表 2-5 所示。

表 2-5　逻辑运算符及对应描述

运算符	逻辑表达式	描　述	示　例
and	x and y	布尔"与"，如果 x 为 False，则返回 False，否则返回 y 的计算值	对于 x and y，假设 x = 5，y = 3，则值为 True；假设 x = 0，y = 3，则值为 False
or	x or y	布尔"或"，如果 x 为 True，则返回 True，否则返回 y 的计算值	对于 x or y，假设 x = 5，y = 3，则值为 True；假设 x = 0，y = 0，则值为 False
not	not x	布尔"非"，如果 x 为 True，则返回 False；如果 x 为 False，则返回 True	对于 not x，假设 x = 0，则值为 True；假设 x = 5，则值为 False

示例代码如下：

```
>>> a = 2
>>> b = 5
>>> a > 1 and b < 2
False
>>> a > 1 or b < 2
True
>>> not a
False
```

在上述代码中，逻辑表达式"a > 1 and b < 2"要求运算符"and"前后两个条件都为真，整体结果才为真。因为 a 的值确实大于 1，但 b 的值并不小于 2，所以整个表达式的值为 False。而逻辑表达式"a > 1 or b < 2"用到了运算符"or"，只要有一个条件为真，整个表达式的值就会为 True。逻辑表达式"not a"用到了逻辑非运算符"not"，这个运算符用于否定其后面表达式的布尔值。因为 a 的值为 2，是非零非假值，所以在 Python 中视为 True，对其应用逻辑非运算后，得到的结果是 False，这是因为在布尔上下文中，非真即假。

2.5.5　位运算符

位运算符是针对数字的二进制表示进行逐位操作的工具。尽管位运算通常应用于二进制数，但对于非二进制数，可以通过 bin() 函数将其转换为二进制后再进行位操作。位运算符及对应描述如表 2-6 所示。

表 2-6　位运算符及对应描述

运算符	描　　述
&	按位与运算符
|	按位或运算符
^	按位异或运算符
~	按位取反运算符
<<	左移运算符：运算数的各二进制位全部左移若干位，高位被丢弃，低位补 0
>>	右移运算符

示例代码如下：

```
>>> a = 0b0011        # a 等于二进制数 0011，十进制值为 3
>>> b = 0b1010        # b 等于二进制数 1010，十进制值为 10


# 按位与运算 (&): 对应位均为 1，则结果位为 1，否则为 0
>>> a & b             # 结果为 0010( 二进制 )，即十进制值 2
2


# 按位或运算 (|): 只要对应位中有 1，则结果位为 1，否则为 0
>>> a | b             # 结果为 1011( 二进制 )，即十进制值 11
11


# 按位异或运算 (^): 对应位相同为 0，不同为 1
>>> a ^ b             # 结果为 1001( 二进制 )，即十进制值 9
9


# 按位取反运算 (~): 将所有位翻转 (0 变 1，1 变 0)，得到原数的补码形式
```

```
>>> ~ a        # 对 a 的每一位取反，结果为 -0010( 二进制补码 )，即十进制值 -4
-4


# 对 b 进行按位取反，注意负数结果表示为补码形式，结果为 -(b+1)
>>> ~ b        # 对 b 的每一位取反，结果为 -1011( 二进制补码 )，即十进制值 -11
-11


# 左移运算 (<<): 将 a 向左移动两位，高位丢弃，低位补零
>>> a << 2     # a 的二进制表示 0011 左移两位变为 1100，即十进制值 12
12


# 右移运算 (>>): 将 b 向右移动一位，丢弃最低位，最高位补符号位 ( 这里为 0)
>>> b >> 1     # b 的二进制表示 1010 右移一位变为 0101，即十进制值 5
5
```

2.5.6　成员运算符

成员运算符用于判断某个成员是否在某一个可迭代对象中。成员运算符及对应描述如表 2-7 所示。

表 2-7　成员运算符及对应描述

运算符	描　　　述
in	如果存在于序列中，则返回 True，否则返回 False
not in	与上面相反

示例代码如下：

```
>>> a = '1234'
>>> '1' in a
True
>>> '1' not in a
False
```

2.5.7　身份运算符

身份运算符，又称标识运算符，用于判断两个对象是否共享相同的内存地址，即它们是否引用于同一个对象。身份运算符及对应描述见表 2-8。

表 2-8　身份运算符及对应描述

运算符	描　　　述
is	判断两个标识符是否引用于同一个对象
is not	判断两个标识符是否引用于不同的对象

示例代码如下：

```
>>> a = 1
>>> b = 1
>>> a is b
True
>>> id(a)
140703993108240
>>> id(b)
140703993108240
>>> a is not b
False
```

2.5.8　运算符的优先级

运算符的优先级，是指在程序执行过程中，各运算符之间按照何种顺序进行计算的规则。具体来说，它决定了在面对包含多个运算符的表达式时，哪个运算符应先执行，哪个应后执行。在 Python 语言中，运算符的计算遵循如下原则：

(1) 优先级规则：首先计算优先级较高的运算符。这意味着，如果一个表达式中存在多种运算符，那么优先级较高的运算符将率先得到计算，之后才轮到优先级较低的运算符。具体的运算符的优先级可参考表 2-9。

(2) 同级运算符的计算顺序：对于优先级相同的运算符，按照从左到右的顺序进行计算。这意味着，在没有其他更高优先级运算符干扰的情况下，表达式中的运算符会按照其在文本中从左至右的出现顺序依次执行。

(3) 括号的影响：当遇到括号时，无论括号内包含的运算符优先级如何，括号内部的表达式总是最先得到计算。换句话说，无论括号内运算符的优先级是高还是低，甚至是低于当前环境中的其他运算符，其内部的运算都将优先于外部其他运算而执行。这使得括号成为一种强大的工具，用于显式指定运算顺序，以覆盖默认的优先级规则。在 Python 代码中，仅使用小括号 () 来表示运算的优先级。

表 2-9　运算符的优先级从高到低排列

运算符	描　　述
**	幂
~、+、−	取反、正号和负号
*、/、%、//	算术运算符
+、−	算术运算符
<<、>>	位运算符中的左移和右移
&	位运算符中的位与
^	位运算符中的位异或
|	位运算符中的位或
<、<=、>、>=、!=、==	比较运算符

本 章 小 结

　　本章深度剖析 Python 核心基础知识，首先讲解交互式输入与输出，详述 input() 和 print() 函数的运用；接着阐释标识符与关键字在程序设计中的区别，即标识符用于命名变量、函数等，遵循特定规则，而关键字为 Python 预设、有特殊含义的词；然后讨论变量的声明、初始化、值的管理和作用域；还深入介绍 Python 的数值类型、字符串类型和布尔类型的特性及操作方式；最后，系统阐述了 Python 运算符体系，包括算术运算符、赋值运算符、比较运算符、逻辑运算符、位运算符、成员运算符和身份运算符，并通过实例展示它们在数据处理、条件判断等方面的应用。

　　本章思维导图如下：

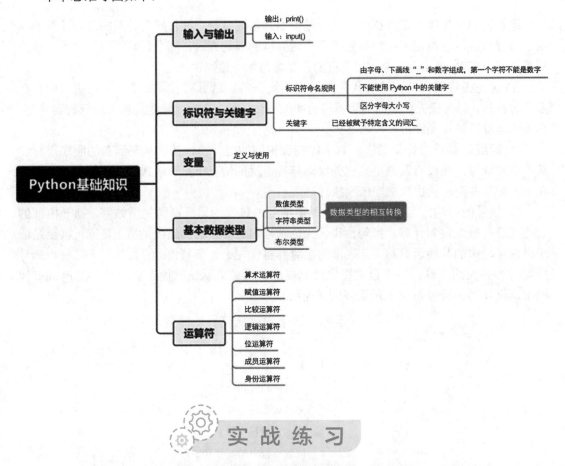

实 战 练 习

　　1. 小明最近学习了 Python 这门课，这门课的总成绩计算方法是：

　　　　总成绩 = 作业成绩 × 20% + 小测成绩 × 30% + 期末考试成绩 × 50%

　　输入三个整数，分别代表作业成绩、小测成绩和期末考试成绩，请输出小明的最终成绩。

输入示例：

70 80 90

输出示例：

83

2. 输入一个不小于 100 且小于 1000，同时包含小数点后一位的一个浮点数，例如 123.4，要求把这个数字翻转过来，变成 4.321 并输出。

3. 编写一段 Python 代码，要求实现以下功能：给定两个整数 a 和 b，分别计算它们的和、差、积、商 (结果为浮点数)、整数商 (结果向下取整)、模 (余数)、最大公约数 (GCD) 和最小公倍数 (LCM)。请合理使用 Python 的运算符，完成上述计算，并为每个计算结果赋予适当的变量名。

输入示例：

10 2

输出示例：

整数 10 和 2 的和为 12，差为 8，积为 20，商为 5.0，整数商为 5，模为 0，最大公约数为 2，最小公倍数为 10。

4. 设有一个整数变量 number，其初始值为 123456789。请按照以下步骤，利用 Python 运算符对 number 进行操作，并写出最终结果：

(1) 将 number 除以 10，然后乘以 10，并使用整数除法运算符将结果赋值给 number。

(2) 使用左移运算符将 number 向左移动两位。

(3) 使用右移运算符将 number 向右移动三位，保持结果为整数。

(4) 判断 number 是否为偶数，如果是，将其减半；如果不是，将其乘以 3 并加 1。将结果赋值给 number。

请根据上述要求，计算并写出每个步骤后 number 的值。

## 第 3 章

Python 中的字符串

3.1 字符串的表示

在 Python 中，字符串就是 str 数据类型，其表示方式主要有三种，分别是单引号 (' ')、双引号 (" ") 和三重引号 (''' ''')。

使用单引号或双引号来定义字符串是极为普遍的做法，这两种方式在功能上完全等效，创建的都是同一种类型的对象。尽管形式上有所差异，但单引号和双引号在表示字符串时并无本质区别。它们的重要特性之一是可以互相嵌套，即在一个引号类型包围的字符串中包含另一个类型的引号，从而避免因特殊字符导致的转义问题。值得注意的是，无论是单引号还是双引号，都必须成对出现以正确界定字符串的起始与结束，否则将导致语法错误。

至于三重引号，它既可以由三个连续的单引号构成，也可以由三个连续的双引号构成。这种表示形式生成的字符串被称作"块字符串"或"多行字符串"。三重引号的特点在于，它以三个相同类型的引号开始，并以同样数量的相同引号结束，从而界定一个字符串区域。相较于单引号和双引号，三重引号特别适用于创建跨越多行的字符串，且在字符串内部可以容纳单引号、双引号而不必转义，这极大地简化了对包含复杂引号结构文本的处理。

以上述三种方法表示字符串的示例代码如下：

```
>>>str_1 = 'python'
>>>type(str_1)
<class 'str'>
>>>str_2 = "python"
>>>type(str_2)
<class 'str'>
>>>str_3 = '''python'''
>>>type(str_3)
<class 'str'>
```

3.2 字符串的格式化

3.2.1 使用 % 操作符格式化字符串

利用 % 操作符格式化字符串，实质上是通过预定义的占位符 (如 %s) 在字符串中设定数据插入点，再按照规定的顺序将实际数据插入这些位置，实现字符串与数据的动态组合，生成符合预期格式的输出字符串。不同类型的数据在进行字符串格式化时，其所对应的占位符符号各有差异。表 3-1 列举了部分常见的占位符及其描述。

表 3-1 Python 字符串格式化符号及对应描述

占位符	描 述
%s	适用于所有可被转换为字符串的对象
%d	用于十进制整数的格式化。无论是正数、负数还是零，该占位符都能准确地将整数值整合到字符串中
%f	用于表示浮点数，包括小数点及其后的位数。可以指定精度 (小数位数)，如 %.2f 表示保留两位小数。此占位符适用于单精度和双精度浮点数
%c	用于插入单个字符，根据其 ASCII 码或 Unicode 编码将整数值转化为对应的字符并插入字符串
%e 或 %E	以科学记数法的形式表示浮点数。前者使用小写字母 e(如 1.23e + 04)，后者使用大写字母 E(如 1.23E + 04)
%x 或 %X	分别以小写或大写十六进制表示整数
%b	用于二进制整数的格式化
%o	用于八进制整数的格式化
%u	用于无前缀的十进制整数的格式化

以下是一个字符串和整数数据格式化的示例代码：

```
>>> print (" 我叫 %s 今年 %d 岁 !" % (' 张三 ', 10))
我叫 张三 今年 10 岁 !
```

3.2.2 使用 format() 方法格式化字符串

format() 方法提供了一种可以灵活地创建字符串的途径。其基本语法特征在于使用花括号 "{}" 和冒号 ":" 替代传统的 % 操作符。这种方法的优势在于，format 函数能够接纳任意数量的参数，并且这些参数的插入位置不必严格按照其在函数调用中的顺序，极大地增强了格式化字符串的自由度和可定制性。

示例代码如下：

```
>>>"{} {}".format("hello", "world")
'hello world'
```

format() 方法允许通过特定规则设置参数，以实现对字符串中各部分的精确控制。以下是使用 format() 方法设置参数的主要规则。

(1) 位置参数按照在 format() 方法中出现的顺序与格式字符串中的花括号 "{}" 一一对应。花括号内的内容为空或省略时，仅表示参数的位置。

示例代码如下：

```
>>>"{0} {1}".format("hello", "world")              # 设置指定位置
'hello world'


>>>"{1} {0} {1}".format("hello", "world")          # 设置指定位置
'world hello world'
```

(2) 通过在花括号内指定参数名，可以使用关键字参数进行填充。参数名与 format() 方法中的关键字参数相对应。

示例代码如下：

```
>>> print(" 姓名：{name}，年龄 {age}".format(name=" 张三 ", age="10"))
姓名：张三，年龄 10
```

(3) 格式字符串中既可以使用位置索引来引用参数，也可以使用参数名。混合使用时，确保位置索引和参数名所对应的值在 format() 方法中均有对应项。

示例代码如下：

```
# 通过字典设置参数
>>> site = {"name": " 张三 ", "age": "10"}
>>> print(" 姓名：{name}，年龄 {age}".format(**site))
姓名：张三，年龄 10
# 通过列表索引设置参数
>>> my_list = [' 张三 ', '10']
>>> print(" 姓名：{0[0]}，年龄 {0[1]}".format(my_list))   # "0" 是必需的
姓名：张三，年龄 10
```

3.3　字符串的常用操作

3.3.1　拼接字符串

在 Python 中，我们常常需要将两个或多个字符串合并成一个单一的字符串。实现这一目标的一种常见方法是使用加号 (+) 作为字符串拼接运算符。

示例代码如下：

```
>>> 'Hello'+'World'
'HelloWorld'
```

需要注意的是，使用加号进行字符串拼接时，参与操作的双方必须都是字符串类型。若尝试将整型 (int)、浮点型 (float) 或布尔型 (bool) 与字符串进行拼接，将引发 TypeError。在这种情况下，可以先将非字符串类型转换为字符串，然后再进行拼接。

除此之外，还可以使用 join() 方法将序列中的元素以指定的分隔符连接成一个新的字符串。调用 join() 方法时，将分隔符作为 join() 方法的主体，将待连接的元素序列作为其参数。

示例代码如下：

```
s1 = "-"
s2 = ""
seq = ("H", "e", "l", "l", "o", "W", "o", "r", "l", "d")   # 字符串序列
print (s1.join( seq ))
print (s2.join( seq ))
```

以上代码的运行结果如下：

```
H-e-l-l-o-W-o-r-l-d
HelloWorld
```

3.3.2　截取字符串

在 Python 编程语言中，对字符串进行切片或截取操作是通过采用中括号 "[]" 这一特殊语法实现的。其语法格式如下：

```
变量 [ 起始索引 : 结束索引 ]
```

这里的索引值遵循特定规则，起始索引从 0 开始计数，这意味着字符串的第一个字符位于索引 0 的位置；同时，Python 还支持负索引，其中 -1 表示字符串的最后一个字符的位置，-2 表示倒数第二个字符的位置，以此类推。

比如一个字符串 "Hello"，其索引位置如图 3-1 所示。

图 3-1　字符串索引位置

在对字符串进行截取时，若只给出一个索引位置的值，则代表取出该索引位置的字符。若不指定起始索引，则默认从头开始截取。同理，若不指定结束索引，则默认截取到最后一个字符。若同时指定起始位置和结束位置，截取的字符串是"顾头不顾尾"的，也就是包含索引位置为起始位置的字符，但不包含索引位置为结束位置的字符。示例代码如下：

```
str='Hello'
print(str[1])        # 输出索引为 1 的字符
```

```
print(str[:])          # 从头取到尾
print(str[1:])         # 从索引 1 对应的字符开始取到尾
print(str[0:2])        # 顾头不顾尾，索引 2 对应的字符不取，从索引 0 对应的字符开始取到索引 1 对
                         应的字符
print(str[0:100])      # 从索引 0 对应的字符取到索引 99 对应的字符，超出字符串实际长度，不影响
                         正常截取操作
```

以上代码的运行结果如下：

```
e
Hello
ello
He
Hello
```

类似地，若使用负索引来截取字符串，只给定一个索引位置的情况下，则会取出该索
引位置的字符。同时指定起始位置和结束位置，截取的字符串也是"顾头不顾尾"的。示
例代码如下：

```
str='Hello'
print(str[-1])         # 输出索引为 -1 的字符
print(str[-1:-4])      # 无输出，要遵循从左向右的规则
print(str[-4:-1])      # 顾头不顾尾，索引 -1 对应的字符不取，从索引 -4 对应的字符开始取到索引 -2
                         对应的字符
```

以上代码的运行结果如下：

```
o
ell
```

从以上两组示例可以看出，无论是使用正索引还是负索引，字符串的截取都遵循从左
至右的顺序，即左侧是起始索引，右侧是结束索引。指定的结束索引若不超过字符串的长
度，截取时不取结束索引对应的字符，若结束索引超过了字符串的长度，则默认取到该字
符串的最后一位。

3.3.3 分割字符串

使用 split() 方法可以将一个字符串按照指定的分隔符切分成多个子串，这些子串会被
保留到列表中，作为方法的返回值反馈回来。基本语法格式如下：

```
str.split(s, num)
```

其中，s 为分隔符，若不指定 s，则默认为所有的空字符，包括空格、换行 (\n)、制表
符 (\t) 等；num 是分割次数，最多返回 num+1 个子串，默认为 -1，即分割所有。

示例代码如下：

```
str=' 人 . 生 .- 苦 . 短 .- 我 . 用 .python'
print(str.split()) # 以空格为分隔符
```

```
print(str.split('-'))  # 以 - 为分隔符
print(str.split('.'))  # 以 . 为分隔符
print(str.split('.'，2))  # 以 . 为分隔符，返回的子串最多为 3 个
```

以上代码的运行结果如下：

```
[' 人 . 生 .- 苦 .', ' 短 .- 我 . 用 .python']
[' 人 . 生 .', ' 苦 .  短 .', ' 我 . 用 .python']
[' 人 ', ' 生 ', '- 苦 ', '  短 ', '- 我 ', ' 用 ', 'python']
[' 人 ', ' 生 ', '- 苦 .  短 .- 我 . 用 .python']
```

3.3.4　计算字符串长度

在 Python 中，使用 len() 方法可以返回对象 (字符、列表、元组等) 长度或项目个数。基本语法为 len(s)，其中 s 为对象。

示例代码如下：

```
>>> len('HelloWorld!')
11
```

3.3.5　检索字符串

1. count()

count() 用于检索指定字符串在另一个字符串中出现的次数。如果检索的字符串不存在，则返回 0，否则返回出现的次数。基本语法为 str.count(sub，start，end)。其中，sub 为要检索的字符串；start 为字符串中开始检索的位置，默认为第一个字符，第一个字符的索引值为 0；end 为字符串中结束检索的位置，默认为字符串的最后一个位置。

示例代码如下：

```
str='HelloWorld'

sub='l'
print(str.count(sub))
print(str.count(sub，0，3))
print(str.count(sub，0，10))

sub='or'
print(str.count(sub))
```

以上代码的运行结果如下：

```
3
1
3
1
```

2. find()

find() 用于检索是否包含指定的字符串。如果检索的字符串不存在，则返回 -1，否则返回首次出现该字符串时的索引，基本语法为 str.find(sub，start，end)。其中，sub 表示要检索的字符串；start，可选，表示起始位置的索引，默认从头开始；end，可选，表示结束位置的索引，默认检索到结尾。

示例代码如下：

```
str='HelloWorld'

sub='l'
print(str.find(sub))
print(str.find(sub，4，10))

sub='or'
print(str.find(sub))

sub='a'
print(str.find(sub))
```

以上代码的运行结果如下：

```
2
8
6
-1
```

3. index()

index() 与 find() 的用法一样，不同的是如果检索的字符串不存在，则会报异常。示例代码如下：

```
str='HelloWorld'

sub='l'
print(str.index(sub))
print(str.index(sub，4，10))

sub='or'
print(str.index(sub))

sub='a'
print(str.index(sub))
```

以上代码的运行结果如下：

```
2
```

```
8
6
Traceback (most recent call last):
print(str.index(sub))
ValueError: substring not found
```

4. rindex()

rindex() 的作用与 index() 类似，不同在于 rindex() 方法从右边开始检索。示例代码如下：

```
str='HelloWorld'
sub='l'
print(str.rindex(sub))
```

以上代码的运行结果如下：

```
8
```

5. startswith()

startswith() 用于检索字符串是否以指定的字符串开头。如果是，则返回 True，否则返回 False。基本语法为 str.startswith(sub，start，end)。

示例代码如下：

```
str='HelloWorld'
sub='H'
print(str.startswith(sub))
print(str.startswith(sub，1))
```

以上代码的运行结果如下：

```
True
False
```

6. endswith()

endswith() 用于检索字符串是否以指定字符串结尾。如果是，则返回 True，否则返回 False。基本语法为 str.endswith(sub，start，end)。

示例代码如下：

```
str='HelloWorld'
sub='d'
print(str.endswith(sub))
```

以上代码的运行结果如下：

```
True
```

3.3.6　字母大小写转换

1. lower()

lower() 用于将字符串中所有大写字母转换为小写字母。基本语法为 str.lower()。示例代码如下：

```
str='HelloWorld'
print(str.lower())
```

以上代码的运行结果如下：

```
helloworld
```

2. upper()

upper() 用于将字符串中所有小写字母转换为大写字母。基本语法为 str.upper()。示例代码如下：

```
str='HelloWorld'
print(str.upper())
```

以上代码的运行结果如下：

```
HELLOWORLD
```

3. swapcase()

swapcase() 用于将字符串中的大小写字母进行转换，即大写字母转换为小写字母，小写字母转换为大写字母。基本语法为 str.swapcase()。示例代码如下：

```
str='HelloWorld'
print(str.swapcase())
```

以上代码的运行结果如下：

```
hELLOwORLD
```

4. capitalize()

capitalize() 用于将字符串的第一个字母转换为大写字母，其他字母转换为小写字母。基本语法为 str.capitalize()。示例代码如下：

```
str='helloWorld'
print(str.capitalize())
```

以上代码的运行结果如下：

```
Helloworld
```

5. title()

title() 用于将返回的所有单词的首字母都转换为大写字母，其他字母则转换为小写字母。基本语法为 str.title()。示例代码如下：

```
str='hELLO WORLD'
print(str.title())
```

以上代码的运行结果如下：

```
Hello World
```

6. casefold()

casefold() 用于将字符串中的大写字母转换为小写，也可以将非英文语言中的大写转换为小写。与 lower() 的用法与作用类似，不同在于 lower() 方法只对 ASCII 编码，即只对

A～Z 有效，而对于其他语言，要想把大写转换为小写，只能用 casefold()。

3.3.7　字符串中特殊字符的处理

1. strip()

strip() 用于将字符串前后的指定字符删除，默认为空格。需要注意的是，该方法只能删除开头或者结尾的字符，不能删除中间部分的字符。基本语法为 str.strip([char])，其中 char 为要删除的字符串前后的指定字符，默认为空格。示例代码如下：

```
str='***Hello*World***'
print(str.strip('*'))
```

以上代码的运行结果如下：

```
Hello*World
```

2. lstrip()

lstrip() 用于将字符串左边的空格或者指定字符删除。基本语法为 str.lstrip()。示例代码如下：

```
str='***Hello*World***'
print(str.lstrip('*'))
```

以上代码的运行结果如下：

```
Hello*World***
```

3. rstrip()

rstrip() 用于将字符串右边的空格或者指定字符删除。基本语法为 str.rstrip()。示例代码如下：

```
str='***Hello*World***'
print(str.rstrip('*'))
```

以上代码的运行结果如下：

```
***Hello*World
```

4. replace()

replace() 用于将字符串中的指定字符替换为新的指定字符。基本语法为 str.replace(old，new，[max])。其中，old 为将被替换的字符串；new 为新的字符串，用于替换 old 字符串；max 为替换次数上限，最多不超过 max 次。示例代码如下：

```
str='***Hello*World***'
print(str.replace('*', ''))
print(str.replace('*', '', 2))
```

以上代码的运行结果如下：

```
HelloWorld
*Hello*World***
```

3.4　字符串中的正则化操作

正则表达式 (Regular Expression，简称 regex) 是一种强大的文本处理工具，它提供了一种简洁而富有表现力的方式来描述字符串中的模式。这种模式可以是简单的字符组合，也可以是极其复杂的文本结构。正则表达式支持的操作主要包括以下四种核心功能：

(1) 匹配：检查一个字符串是否符合给定的正则表达式模式。

(2) 切割：在文本中查找符合正则表达式的子串。

(3) 替换：利用正则表达式定位文本，然后用新文本替换掉匹配的部分。

(4) 获取：基于正则表达式定义的分隔符将字符串分割成多个子串。

3.4.1　正则表达式基础

正则表达式是一种特殊的文本模式表述方式，它既包含普通的字符集 (如英文字母 a 至 z 之间的字符)，也包括具有特殊意义的字符 (如元字符)。元字符在正则表达式中承担着独特的角色，它们不是用来匹配自身字面意义的字符，而是用来指示某种模式或者控制匹配行为，用于构建复杂的匹配模式。比如我们想从一个字符串 (“Hello，my name is John Doe”) 中获取名字和姓氏，我们知道名字和姓氏出现在“my name is”之后，它们是任意组成形式的由英文字母组成的单词。要如何准确表述这种字符串模式，我们需要先了解一下正则表达式的基本符号及其描述 (见表 3-2)。

表 3-2　正则表达式基本符号及其描述

名称	字符及其描述
元字符	.(点号) 匹配任意单个字符 (除了换行符 \n)； \d 匹配任意数字 0~9； \D 匹配非数字； \w 匹配任意字母、数字或下画线； \W 匹配任意非单词字符； ^ 匹配输入字符串的开始位置； $ 匹配输入字符串的结束位置
数量符	* 表示前面的元素可以出现 0 次或多次； + 表示前面的元素至少出现 1 次； ? 表示前面的元素可能出现 0 次或 1 次
字符集	[] 定义字符集
分组	() 用于创建子表达式，捕获匹配的子串

3.4.2 re 模块正则化操作

在 Python 编程语言中，正则表达式的功能主要依托于内置的 re 模块得以实现。该模块提供了多种实用的方法以供开发者进行字符串的匹配、分割、替换和获取等操作。其中，几个较为常用的方法如下：

(1) re.compile(pattern[, flags])：此方法用于编译正则表达式模式，生成一个 Pattern 对象，以便后续多次调用。参数 pattern 为待编译的正则表达式字符串，flags(可选) 为匹配标志，比如忽略大小写、多行模式等。

(2) Pattern.findall(string[, pos[, endpos]])：这是一个 Pattern 对象的方法，用于在字符串 string 中查找所有与正则表达式模式匹配的子串，并以列表形式返回。pos 和 endpos 参数分别指定搜索的起始位置和结束位置。

(3) Pattern.match(string[, pos[, endpos]])：同样是 Pattern 对象的方法，但它只检测字符串的开始位置是否与正则表达式匹配。若匹配成功，则返回一个 Match 对象，否则返回 None。

(4) Pattern.search(string[, pos[, endpos]])：此方法用于在整个字符串范围内寻找首个与正则表达式匹配的子串，并返回匹配成功的 Match 对象，如果没有找到匹配项，则返回 None。

(5) re.sub(pattern, repl, string[, count])：此为 re 模块的函数，用于在字符串 string 中将首次出现的与 pattern 匹配的部分替换为 repl 指定的字符串，并返回替换后的新字符串。count 参数可选，用于指定替换次数，默认替换所有匹配项。

(6) re.split(pattern, string[, maxsplit])：这个 re 模块函数基于正则表达式 pattern 对字符串 string 进行分割，并返回一个包含分割后子串的列表。maxsplit 参数可选，用于限制最大分割次数，默认不限制。

接下来通过案例来讲解正则表达式关于字符串的匹配、查找、替换和分割操作。假设我们有一个用户提交的个人信息字符串 ("Alice Smith, 30 years old, alice.smith@example.com")，其中包括姓名、年龄和电子邮件地址，我们需要从中提取出各个字段并进行合法性校验及格式化。

首先我们需要匹配姓名，可通过定义正则表达式来找出符合格式的名字。示例代码如下：

```python
import re
# 用户提交的个人信息字符串
user_info = "Alice Smith, 30 years old, alice.smith@example.com"
# 匹配由两个或多个空格分隔的英文名和姓
name_pattern = r'([A-Za-z]+ [\A-Za-z]+)'
matched_name = re.search(name_pattern, user_info)
if matched_name:
    name = matched_name.group(1)
    print(f" 姓名 : {name}")
```

以上代码的运行结果如下：

姓名：Alice Smith

然后我们要查找并验证年龄，可匹配数字加 "years old" 的格式，并对匹配到的结果进行额外的逻辑判断。示例代码如下：

```python
# 匹配形如 "xx years old" 的年龄描述
age_pattern = r'\d{1,3} years old'
matched_age = re.search(age_pattern, user_info)
if matched_age:
    age = int(matched_age.group().split()[0])    # 提取数字部分
    if age >= 18:
        print(f" 年龄：{age}，已满 18 岁 ")
    else:
        print(" 年龄未满 18 岁 ")
```

以上代码的运行结果如下：

年龄：30，已满 18 岁

接着，我们要替换电子邮件地址中的 "."，可使用 re.sub() 方法进行替换操作，确保 "." 不被视为路径分隔符。示例代码如下：

```python
# 匹配电子邮件地址
email_pattern = r'([\w\.-]+@[\w-]+\.[\w\.-]+)'
email_matched = re.search(email_pattern, user_info)
if email_matched:
    email = email_matched.group()
    safe_email = re.sub(r'\.', r'\\.', email)    # 将 "." 替换为 "\\."
    print(f" 电子邮件地址（转义后）：{safe_email}")
```

以上代码的运行结果如下：

电子邮件地址 (转义后): alice\.smith@example\.com

结合以上的分析，我们可以一次性匹配整个字符串结构，获取姓名、年龄和邮件地址三个字段，并再次使用正则表达式对已经提取出的姓名进行分割，得到姓和名。示例代码如下：

```python
fields_pattern = r'([A-Za-z]+ [A-Za-z]+), (\d+) years old, ([\w\.-]+@[\w-]+\.[\w\.-]+)'
fields_match = re.match(fields_pattern, user_info)
if fields_match:
    extracted_fields = fields_match.groups()
    first_last_names = re.split(r' ', extracted_fields[0])
    print(f" 姓：{first_last_names[0]}，名：{first_last_names[1]}")
```

以上代码的运行结果如下：

姓：Alice, 名：Smith

本 章 小 结

本章深入介绍了 Python 中字符串的使用及操作技术。首先阐述了多样的字符串表示法，如使用单 / 双引号、三重引号定义字符串，展现了灵活的创建方式。进而系统介绍了字符串格式化技术，对比传统 % 操作符与 format() 方法，指导读者高效地实现变量插入、数值格式化及复杂模板填充。接着剖析字符串的常用操作，如拼接、截取、分割、长度计算、检索、大小写转换、特殊字符处理等，深化对字符串特性的理解。最后讲解了 Python 中正则表达式处理字符串的高级技术，详述了正则表达式的构建、匹配、查找、替换等操作，旨在引导读者提高代码处理效能，以应对复杂字符串问题。

本章思维导图如下：

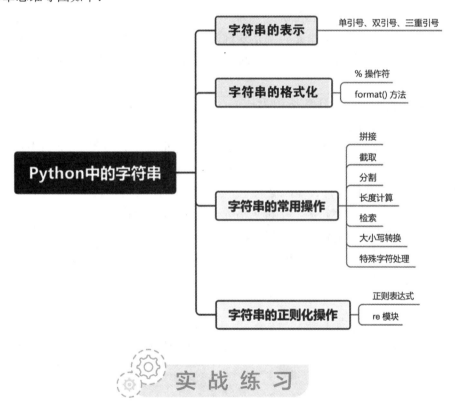

实 战 练 习

1. 显示银行卡信息：设计程序，要求模拟银行卡账号显示信息，信息包括账户、账户金额、可用余额。

输入示例：

```
6221888200604489572
9773.21
```

输出示例：

账　　户：6221888200604489572

账户余额：9773.21

可用余额：9773.21

2. 账单模拟显示：设计一个程序，要求模拟显示手机每月消费情况信息，外部输入的量有 num_id(手机号)、use_money(当月消费)、left_money(剩余话费) 和 net(剩余流量)。

输入示例：

134902034211

100

54

1002

输出示例：

尊敬的 134902034211 用户，您当月消费 100 元，当前余额 54 元，流量剩余 1002 MB

3. 匹配网址：大明最近正在研究网址，他发现好像很多网址的开头都是 "https://www"，他想知道任意一个网址是否都是这样开头的。于是大明向你输入一个网址 (字符串形式)，你能使用正则函数 re.match 在起始位置帮他匹配一下有多少位是相同的吗？（区分大小写)

输入描述：输入一行字符串表示网址。

输出描述：输出网址从开头匹配到第一位不匹配的范围。

4. 提取数字电话：大力翻看以前记录朋友信息的电话簿，发现电话号码中几位数字之间使用 "-" 间隔，后面还接了一些不太清楚什么意思的英文字母，你能使用正则匹配 re.sub 将除数字外的其他字符去掉，提取一个全为数字的电话号码吗？

输入描述：输入一行字符串，字符包括数字、大小写字母和 "-"。

输出描述：输出提取后的全数字信息。

5. 自动修正：大家都知道一些办公软件有自动将字母转换为大写的功能。输入一个长度不超过 100 且不包括空格的字符串。要求将该字符串中的所有小写字母变成大写字母并输出。

输入描述：输入一个字符串。

输出描述：输出一个字符串，即将原字符串中所有的小写字母转换为大写字母。

第 4 章

Python 程序控制结构

4.1　程序设计流程(程序结构)

在计算机编程中，顺序结构、选择结构和循环结构是所有程序设计的基础元素。下面对这三种基本结构进一步细化说明。

(1) 顺序结构。在顺序结构中，程序中的指令按照编写的顺序逐一执行，没有跳跃或分支。每一行代码都会被执行，除非遇到异常或中断。这是最简单的执行流程，适用于不需要复杂逻辑判断或重复操作的情况。

(2) 选择结构。选择结构，又称条件结构或分支结构，基于预设的条件判断来决定程序的执行流向。常见的实现形式有 if 语句、if...else 语句和 if...elif...else 语句。它允许程序员根据不同的条件执行不同的代码块，从而适应多种可能的场景和输入。

(3) 循环结构。循环结构允许程序重复执行一段代码，直到满足某个终止条件为止。主要类型包括 for 循环、while 循环以及 do...while 循环 (在某些语言中提供)。循环结构对于处理重复性任务极其重要，比如遍历数组、处理列表或在达到特定条件前持续执行某项操作。

这三种基本结构可以单独使用，也可以结合在一起，以形成更复杂的程序逻辑。通过灵活运用这些结构，可以创建出既能解决复杂问题又易于理解和维护的程序。在实际编程实践中，对这三种结构的深刻理解和熟练运用是构建高效算法的核心能力。

4.1.1　程序流程图

在 Python 程序设计中，绘制流程图是一种可视化的方法，它可以有效地辅助开发者规划和设计程序的逻辑流程。流程图通过一系列标准化的图形符号 (如开始 / 结束符号、处理过程、判断节点、平行分支等) 来描绘程序的执行流程。图 4-1 给出了一些常用的流程图符号。

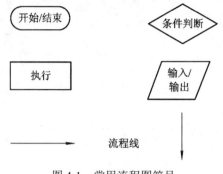

图 4-1　常用流程图符号

4.1.2　结构化程序设计基本方法与流程

结构化程序设计是一种强调程序设计应具有清晰结构的原则和方法论，它提倡采用自顶向下、逐步细化的设计和模块化的编程方法，使得程序易于理解和维护。这一理念由 Dijkstra 等人在 20 世纪 60 年代提出，并逐渐发展成熟。

IPO(Input-Process-Output) 模型是结构化程序设计中一种基本且普遍适用的程序框架。

(1) 输入 (Input)。程序首先接收外部环境提供的数据或者指令作为输入，这些输入可能来自用户、文件、传感器、网络接口等，是程序执行的前提条件。

(2) 处理 (Process)。这是程序的核心部分，负责对输入的数据进行加工、计算、转换等操作。在处理阶段，程序员会运用各种数据结构和算法来解决问题，确保程序按照预定逻辑正确执行。这部分涉及变量赋值、条件语句、循环控制、函数调用等基本结构，也涵盖了复杂算法的实现。

(3) 输出 (Output)。处理后的结果需要通过某种形式反馈给用户或系统环境，这便是输出阶段。输出的形式多样，可以是打印到屏幕的文字、图形界面的显示、生成文件、发送的网络请求等。输出内容不仅包含了程序运行的结果，也可能包含必要的提示信息或错误报告。

通过 IPO 模式，程序员能够将复杂的任务划分为可管理的小块，每个小块专注于特定的功能，并通过合理的输入和输出接口与其他模块协同工作，从而构建出高效、可靠、易读易懂的程序。同时，这种方法也有利于测试和调试，因为程序员可以单独测试每个模块并验证其正确性。

4.2　选择结构(分支结构)

在 Python 编程中，选择结构或者说条件结构是一种基于条件判断来决定程序执行路径的关键结构。根据条件表达式的值，程序可以选择执行不同的代码段落。Python 中的选择结构主要有单分支结构、二分支结构、多分支结构三种形式。

4.2.1　if 语句

单分支结构用 if 语句来实现，格式如下：

if 条件表达式：

　　语句块

注意：每个条件后面都要使用英文冒号 ":"，以给出接下来满足条件时要执行的语句块。使用缩进来划分语句块，有相同缩进的语句属于同一个语句块。

if 语句对应的流程图如图 4-2 所示，当执行到 if 语句时，先判断表达式是否成立，若成立，就意味着条件表达式的结果为 True，接着执行 if 条件表达式下有相同缩进的语句块；若不成立，则意味着条件表达式的结果为 False，跳过 if 语句内有相同缩进的语句块，直接执行后续语句。

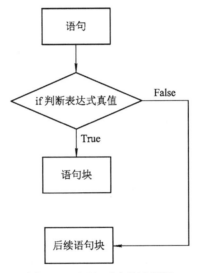

图 4-2　if 语句对应的流程图

示例代码如下：

```
if 1+1==2:
    print(' 这是单分支选择结构 ')
```

以上代码的运行结果如下：

```
这是单分支选择结构
```

4.2.2　if...else 语句

if...else 语句为二分支结构，格式如下：

if 条件表达式：

　　语句块 1

else：

　　语句块 2

if...else 语句对应的流程图如图 4-3 所示，在这个结构中，如果条件表达式成立，则值为 True，接下来执行语句块 1 的代码；相反，如果不成立，值为 False 的情况下，则执行 else 之后的语句块 2。

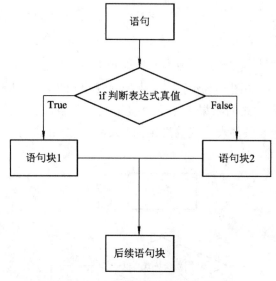

图 4-3　if...else 语句对应的流程图

示例代码如下：

```
# 求两个数中较大的数并输出
a = 5
b = 6
if a > b:
        max = a
else:
        max = b
print("max=",max)
```

以上代码的运行结果如下：

```
max=6
```

4.2.3　if...elif...else 语句

if...elif...else 语句又叫多分支结构，格式如下：

```
if 条件表达式 1:
      语句块 1
elif 条件表达式 2:
      语句块 2
elif 条件表达式 n:
      语句块 n
```

```
else:
    语句块 n+1
```

如果需要更多的分支，则可以添加更多的 elif 语句，但有且只有一条分支会被执行，整个分支结构有严格的退格缩进要求。

if...elif...else 语句对应的流程图如图 4-4 所示，从表达式 1 开始判断，若成立，执行表达式 1 下的语句块 1，条件语句结构结束，执行剩下的语句块；若表达式 1 不成立，则继续判断表达式 2 的条件是否成立，若成立，则执行表达式 2 下的语句块 2，若不成立，继续判断表达式 3。当所有的表达式都不成立的时候，执行 else 后的语句块。

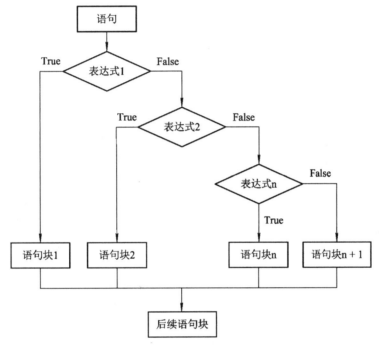

图 4-4　if...elif...else 语句对应流程图

示例代码如下：

```
# 使用 if 多分支语句判断键盘输入成绩等级并输出
score = int(input(" 请输入成绩 : "))
if score >= 90:
    print(" 优秀！ ")
elif score >= 80:
    print(" 良好！ ")
else:
    print(" 不合格！ ")
```

以上代码的运行结果如下：

```
请输入成绩 : 90
优秀！
```

4.2.4　if 语句的嵌套

在编程过程中，若在一个已存在的选择结构内部 (如 if 或 else 子句中) 需要依据额外的条件作出更多的决策，那么可以通过在原有的条件语句内部嵌套另一个 if 语句的方式来实现更复杂的选择逻辑。这种方式形成了选择结构的嵌套，使得程序可以根据不同层级的条件判断来执行相应的代码段落，从而实现更为精细和多元的控制流。

示例代码如下：

```python
# 求三个数中最大的数据并输出
a = 3; b = 2; c = 4
if a > b:                              # 条件为 True，只需要比较 a 和 c
    if a > c:                          # 即 a > b 且 a > c
        print(" 最大的数是 : ", a)
    else:                              # 即 a > b 且 a <= c
        print(" 最大的数是 : ", c)
else:                                  # 条件为 False，只需要比较 b 和 c
    if b > c:                          # 即 b >= a 且 b > c
        print(" 最大的数是 : ", b)
    else:                              # 即 b >= a 且 b <= c
        print(" 最大的数是 : ", c)
```

以上代码的运行结果如下：

```
最大的数是 : 4
```

4.2.5　pass 语句

在 Python 编程语言中，pass 关键字代表了一个空语句，其主要功能在于维持程序结构的完整性，而不执行任何实际操作。在编程实践中，pass 通常用作临时占位符，尤其是在初步设计程序框架、预留后续填充具体代码逻辑的位置时尤为有用。换言之，pass 语句的存在纯粹是为了满足语法要求，确保程序能够顺利解析，但它本身不具备任何执行效果。例如，在类定义、函数定义、循环体、条件语句等场景中，若尚未确定具体内容，可以暂时使用 pass 语句来替代，等到设计完善后再替换为实际操作代码。

示例代码如下：

```python
i = 1:
if i == 1:
    pass
    print('pass 块 ')
```

以上代码的运行结果如下：

```
pass 块
```

4.2.6　条件表达式

Python 条件表达式，又称为三元运算符，是一种简洁的表达式结构，它允许在一行代码中根据条件判断来返回两个不同的值。在 Python 中，条件表达式的通用语法形式如下：

```
value_if_true if condition else value_if_false
```

这个表达式的工作原理是首先评估 condition 部分，如果 condition 为 True，则返回 value_if_true 的值；反之，如果 condition 为 False，则返回 value_if_false 的值。示例代码如下：

```
result = "Pass" if score >= 60 else "Fail"
```

在上述代码中，score 是一个假设存在的变量，表示某个测试的得分。条件表达式会先检查 score 是否大于等于 60，如果是，则 result 变量将被赋值为字符串 "Pass"；否则，result 将被赋值为字符串 "Fail"。

相较于传统的 if...else 语句，条件表达式提供了更加紧凑的语法，尤其适用于需要在一行代码中根据条件决定变量值的场合。但它并不适用于需要执行复杂逻辑或有多条语句需根据条件执行的情况。

4.3　循　环　结　构

Python 编程语言中，循环结构主要分为两种基本类型 (如表 4-1 所示)。

表 4-1　循环类型及对应的描述

循环类型	描　　述
for 循环	for 循环是一种基于集合或序列进行迭代的循环结构，它专门为遍历序列 (如列表、元组、字符串) 或可迭代对象而设计
while 循环	while 循环则是一种基于条件判断来决定是否继续循环的结构。只要指定的条件为真，循环体内的代码就会不断被执行

4.3.1　遍历循环：for 循环

在 Python 编程语言中，for 循环是一种高度通用且强大的迭代机制，它能够对任何内置支持迭代协议的有序数据结构进行遍历。这意味着，for 循环能够无缝地应用于诸如字符串、列表、元组乃至自定义序列类型等多种数据结构，以逐一访问其中的每个元素。通过 for 循环，开发人员能够简洁高效地编写代码以处理序列数据，实现诸如元素读取、操作和统计等功能。

for 循环的语法格式如下：

```
for 循环变量 in 遍历结构：
    语句块
```

在 for 循环的语法中，"遍历结构"可以是 range() 函数或者任何有序的序列，比如字符串。

示例代码如下：

```
for i in 'python':
    print(i)
```

以上代码运行结果如下：

```
p
y
t
h
o
n
```

在表示遍历的结构中，range() 函数用于生成一个整数序列，其语法格式为 range(start[, end[，step]])。

当 range() 中仅包含 start 时，表示生成一个 [0，start) 的整数序列 (前闭后开)，步长为 1，如 range(5) 即相当于 [0，1，2，3，4]。

当 range 包含 start 和 end 时，表示生成一个 [start，end) 的整数序列，步长为 1，如 range(5，10) 即相当于 [5，6，7，8，9]。

当 start、end 和 step 均存在时，表示生成一个步长为 step，在 [start，end) 范围内的整数序列，如 range(8，18，2) 即相当于 [8，10，12，14，16]。

示例代码如下：

```
for i in range(10):
    print(i, end=", ")
```

以上代码的运行结果如下：

```
0, 1, 2, 3, 4, 5, 6, 7, 8, 9,
```

for 循环也可以与 else 结构一起使用，形成一种独特的结构。其语法格式如下：

```
for 变量 in 遍历结构:
    语句块
else:
    语句块    # 在循环正确结束之后，else 之后的语句才会被执行
```

示例代码如下：

```
a = (' 张三 ', ' 李四 ', ' 王五 ')
print(" 姓名 : ", end=' ')
for i in a:
    print(i, end=' ')
else:
    print("\n 提示：元组遍历完成！ ")
```

以上代码的运行结果如下：

姓名：张三 李四 王五

提示：元组遍历完成！

在这个示例代码中，只有执行完 for 循环 (即执行到了遍历结构中的最后一个元素)，才能执行 else 语句后的内容。我们再为 for 循环加一些条件，让其无法正常执行结束。示例代码如下：

```
a = (' 张三 ', ' 李四 ', ' 王五 ')
print(" 姓名 : ", end=' ')
for i in a:
    if i==' 李四 ':
        break
    print(i, end=' ')
else:
    print("\n 提示：元组遍历完成！ ")
```

以上代码的运行结果如下：

姓名：张三

通过这两个示例代码的对比，我们可以得出结论：else 子句不是在每次循环迭代完成后执行，而是在整个 for 循环没有被 break 语句中断的情况下，在循环结束后执行一次。

4.3.2　条件循环：while 循环

在 Python 编程语言中，while 循环是一种应用广泛且不可或缺的循环结构之一。它允许程序在某一条件保持为真的前提下，持续执行一段代码块，直至该条件不再满足为止。相较于 for 循环的固定次数或遍历数据结构，while 循环提供了一种更为灵活的控制循环执行次数的方式，特别适用于那些循环次数事先未知或依赖于循环内部计算结果的场景。通过 while 循环，开发者能够实现动态的、条件驱动的重复执行逻辑，进而解决各类计算问题和控制流程。

while 循环的语法格式如下：

while 条件表达式 :

　　语句块

while 循环语句的工作机制表现为：只要其所绑定的条件表达式的求值结果为真 (True)，循环体内的程序代码就会被反复执行。每当循环体执行完毕后，便会重新评估该条件表达式，若其仍为真，则继续执行循环体内的程序；这一过程将持续进行，直到条件表达式的值转变为假 (False)，此时循环终止，程序将继续执行紧跟在 while 循环之后的代码。

示例代码如下：

```
n = 100
sum = 0
```

```
i = 1
while i <= n:
    sum = sum + i
    i += 1
print("1 到 %d 之和为 : %d" % (n, sum))
```

以上代码的运行结果如下：

```
1 到 100 之和为 : 5050
```

同样地，while 语句也可以和 else 语句一起搭配使用，工作原理类似于 for...else 的结构，仅当 while 循环被完整执行时才会执行 else 里面的代码。

其语法格式如下：

```
while 条件表达式：
    语句块
else：
    语句块
```

示例代码如下：

```
n = 100
sum = 0
i = 1
while i <= n:
    sum = sum + i
    i += 1
else:
    print("while 循环结束，1 到 %d 之和为 : %d" % (n, sum))
```

以上代码的运行结果如下：

```
while 循环结束，1 到 100 之和为 : 5050
```

4.3.3　循环嵌套

在 Python 编程语言中，存在着循环嵌套的概念，这意味着我们可以在一个循环结构的内部逻辑中嵌套另一个循环结构。也就是说，在一个循环体的执行过程中，可以设定另一个循环结构在其内部执行，形成循环嵌套的现象。通过这种方式，可以实现更为复杂和精细的数据处理与逻辑控制，比如在遍历一个数据结构的同时，对其中的每一个元素进行进一步的循环处理。这种嵌套循环结构可以是 for 循环嵌套 for 循环，也可以是 while 循环嵌套 for 循环，甚至是 while 循环嵌套 while 循环，从而满足多种复杂场景下的编程需求。

1. for 循环嵌套 for 循环

for 循环嵌套 for 循环的语法格式如下：

```
for 循环变量 1 in 遍历结构 1:          # 外层循环
    for 循环变量 2 in 遍历结构 2:      # 内层循环
        语句块
```

示例代码如下:

```
for x in range(1，10):
    for y in range(0，x):
        result = x + y
    print("The sum of {} and {} is {}".format(x,y,result))
```

以上代码的运行结果如下:

```
The sum of 1 and 0 is 1
The sum of 2 and 1 is 3
The sum of 3 and 2 is 5
The sum of 4 and 3 is 7
The sum of 5 and 4 is 9
The sum of 6 and 5 is 11
The sum of 7 and 6 is 13
The sum of 8 and 7 is 15
The sum of 9 and 8 is 17
```

在上述代码中,外层循环会让变量 x 从 1 递增到 9,对于外层循环每次迭代得到的 x 值,内层循环会让变量 y 的值从 0 递增到 x－1。

2. while 循环嵌套 while 循环

while 循环嵌套 while 循环的语法格式如下:

```
while 条件表达式 1:        # 外层循环
    while 条件表达式 2:    # 内层循环
语句块
```

将 for 循环嵌套 for 循环的代码改成 while 循环嵌套 while 循环的格式,示例代码如下:

```
x = 1
y = 0
while x < 10:
    while y < x:
        result = x + y
        y += 1
    print("The sum of {} and {} is {}".format(x,y-1,result))
    x += 1
    y = 0
```

以上代码运行的结果如下:

```
The sum of 1 and 0 is 1
The sum of 2 and 1 is 3
The sum of 3 and 2 is 5
The sum of 4 and 3 is 7
The sum of 5 and 4 is 9
The sum of 6 and 5 is 11
The sum of 7 and 6 is 13
The sum of 8 and 7 is 15
The sum of 9 and 8 is 17
```

3. for 循环嵌套 while 循环

for 循环也可以嵌套 while 循环，其语法格式如下：

```
for 循环变量 in 遍历结构:            # 外层循环
    while 循环条件:                 # 内层循环
        语句块
```

我们将 for 循环嵌套 for 循环的代码改成 for 循环嵌套 while 循环的格式，示例代码如下：

```
for x in range(1，10):
    y = 0
    while y<x:
        result = x + y
        y += 1
    print("The sum of {} and {} is {}".format(x,y-1,result))
```

代码执行结果与 for 循环嵌套 for 循环的结果相同。

4. while 循环嵌套 for 循环

for 循环可以嵌套 while 循环，同理，while 循环也可以嵌套 for 循环，其语法格式如下：

```
while 循环条件:                     # 外层循环
    for 循环变量 in 遍历结构:        # 内层循环
        语句块
```

我们将 for 循环嵌套 for 循环的代码改成 while 循环嵌套 for 循环的格式，示例代码如下：

```
x = 1
while x < 10:
    for y in range(0，x):
        result = x + y
        print("The sum of {} and {} is {}".format(x,y,result))
    x += 1
```

代码执行结果与 while 循环嵌套 while 循环的结果相同。

4.3.4　跳转语句 (continue 语句和 break 语句)

1. continue 语句

在 Python 编程语言中，continue 语句的功能在于指示程序在执行过程中遇到该语句时，立即终止当前循环迭代的后续执行，并重新开始下一轮的循环判断。具体来说，当程序在循环体内执行到 continue 语句时，它会立即跳过当前循环体中尚未执行的语句，返回到循环条件的检查阶段，如果条件依然满足，则继续进行下一次循环迭代。通过这种方式，continue 语句提供了在循环内部动态控制流程的能力，允许程序在满足特定条件时略过部分循环体的操作，而专注于满足条件的循环迭代。

示例代码如下：

```
for i in range(5):
    if i==2:
        continue
    print(i)
```

以上代码的运行结果如下：

```
0
1
3
4
```

当 i 等于 2 时跳过了此次循环，所以结果中并没有 2。

2. break 语句

break 语句可用来终止循环，即当前序列没有被完全递归完或者是循环条件没有 False 时，也会停止循环，如果用在循环嵌套中，break 会终止最深层的循环并执行下一行代码。

示例代码如下：

```
for i in range(8):
    print(i)
    if i==5:
        break
print(' 循环结束 ')
```

以上代码的运行结果如下：

```
0
1
2
3
4
5
循环结束
```

当 i 遍历到 5 时，执行 break，即跳出循环，整个 for 循环只输出了从 0 到 5 的值；同时执行下一行代码，输出"循环结束"。

本 章 小 结

本章深入探讨了 Python 的程序控制结构，主要包括顺序结构、选择结构和循环结构三种基本形态，它们是编程中不可或缺的基础元素。顺序结构是最基本的控制形式，程序将按照代码的书写顺序，自上而下地依次执行各个语句。选择结构则依赖于条件表达式的真假来决定执行路径，它可以进一步细分为单分支、双分支和多分支结构，以满足不同的条件判断需求。循环结构则用于在条件表达式为真的情况下，重复执行特定的代码块，常见的循环语法包括 for 循环和 while 循环。

本章思维导图如下：

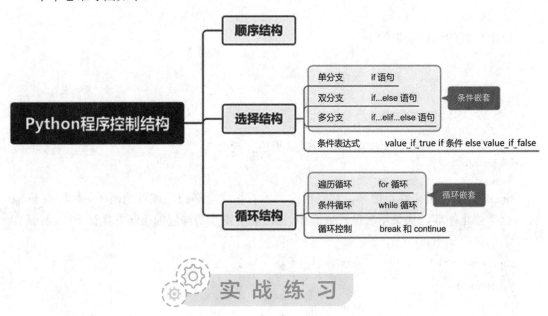

实 战 练 习

1. 月份天数计算：输入两个正整数，分别表示年份和月份，以空格隔开，要求输出一个整数，表示这一年的这个月有多少天 (需要考虑闰年)。

2. 三角形分类：给出三条线段 a、b 和 c 的长度，均是不大于 10 000 的正整数。打算把这三条线段拼成一个三角形，它可以是什么三角形呢？

如果三条线段不能组成一个三角形，输出 Not triangle；

如果是直角三角形，输出 Right triangle；

如果是锐角三角形，输出 Acute triangle；

如果是钝角三角形，输出 Obtuse triangle；

如果是等腰三角形，输出 Isosceles triangle；

如果是等边三角形，输出 Equilateral triangle。

如果这个三角形符合以上多个条件，请按以上顺序分别输出，并用换行符隔开。

3. 计数问题：试计算在区间 11 到 n 的所有整数中，数字 x(0≤x≤9) 共出现了多少次？例如，在 1 到 11 中，即在 1、2、3、4、5、6、7、8、9、10、11 中，数字 1 出现了 4 次。

输入两个整数 n 和 x，之间用空格隔开，要求输出一个整数，表示 x 出现的次数。

4. 国王将金币作为工资，发放给忠诚的骑士。第 1 天，骑士收到 1 枚金币；之后两天 (第 2 天和第 3 天)，每天收到两枚金币；之后 3 天 (第 4、5、6 天)，每天收到 3 枚金币；之后 4 天 (第 7、8、9、10 天)，每天收到 4 枚金币…；这种工资发放模式会一直这样延续下去：当连续 n 天每天收到 n 枚金币后，骑士会在之后的连续 n + 1 天里，每天收到 n + 1 枚金币。请计算在前 k 天里，骑士一共获得了多少金币。

输入一个正整数 k，表示发放金币的天数，要求输出一个正整数，即其实收到的金币数。

第 5 章

Python 的组合数据类型

5.1 认识组合数据类型

Python 中的组合数据类型包括序列、映射 (字典) 和集合，其中的序列数据类型包括字符串、列表和分组。本章主要介绍列表、元组、字典、集合这四类组合数据类型。

(1) 列表 (List)。列表是较为重要的 Python 内置对象之一，是包含若干元素的有序连续内存空间。在形式上，列表的所有元素放在一对方括号 "[ ]" 中，相邻元素之间使用逗号分隔。

(2) 元组 (Tuple)。在形式上，元组的所有元素放在一对圆括号 "()" 中，元素之间使用逗号分隔。如果元组中只有一个元素，则必须在最后增加一个逗号。

(3) 字典 (Dictionary)。字典是包含若干 "键 : 值" 元素的无序可变序列，字典中的每个元素包含用冒号分隔开的 "键" 和 "值" 两部分，表示一种映射或对应关系，又称关联数组。定义字典时，每个元素的 "键" 和 "值" 之间用冒号分隔，不同元素之间用逗号分隔，所有的元素放在一对大括号 "{}" 中。

(4) 集合 (Set)。集合属于 Python 无序可变序列，使用一对大括号 "{}" 作为定界符，元素之间使用逗号分隔，同一个集合内的每个元素都是唯一的，元素之间不允许重复，并且集合中只能包含不可变序列。

5.2 列   表

5.2.1 列表的创建

使用方括号 [] 可直接定义列表，示例代码如下：

```
>>> num = [1, 2, 3, 4, 5, 6]
```

5.2.2　列表元素的获取

在 Python 中，可以通过索引来访问列表中的元素。列表中的索引是从 0 开始的，也就是说，列表中第一个元素的索引是 0，第二个元素的索引是 1，以此类推。此外，Python 也支持负索引，-1 表示最后一个元素，-2 表示倒数第二个元素，以此类推。

1. 单个元素的索引

可以通过元素的索引值 (index) 获取单个元素，示例代码如下：

```
>>> num = [1，2，3，4，5，6]
>>> print(num[2])
3
>>> print(num[-4])
3
```

索引为 2 和索引为 -4 都对应着列表 num 中的元素 3。

2. 列表的切片

列表切片是一种获取列表中的一部分元素的方法。通过切片操作，可以提取列表中连续的一段元素，并生成一个新的列表。

列表切片的基本语法是 list[start:end:step]，其中：

(1) start：切片开始的索引，默认为 0。

(2) end：切片结束的索引，但不包括该位置的元素，默认为列表长度。

(3) step：步进值，即每隔几个元素取一个，默认为 1。当 step 为负整数时，表示反向切片，这时 start 应该在 end 的右侧。

使用切片可以返回列表中部分元素组成的新列表。与使用索引作为下标访问列表元素的方法不同，切片操作不会因为下标越界而抛出异常，而是简单地在列表尾部截断或者返回一个空列表。示例代码如下：

```
>>> list_num = [1，2，3，4，5，6，7，8，9，10]
>>> print(list_num[::])
[1, 2, 3, 4, 5, 6, 7, 8, 9, 10]
>>> print(list_num[::-1])
[10, 9, 8, 7, 6, 5, 4, 3, 2, 1]
>>> print(list_num[::2])
[1, 3, 5, 7, 9]
>>> print(list_num[1::2])
[2, 4, 6, 8, 10]
>>> print(list_num[3:7])
[4, 5, 6, 7]
>>> print(list_num[0:100])
[1, 2, 3, 4, 5, 6, 7, 8, 9, 10]
```

```
>>> print(list_num[100])
Traceback (most recent call last):
    File "<pyshell#8>", line 1, in <module>
        print(list_num[100])
IndexError: list index out of range
```

5.2.3 列表元素的修改

1. 修改单个元素

如果要修改列表中的单个元素，可以直接通过索引指定该位置并赋新值，示例代码如下：

```
>>> num = [1, 2, 3, 4, 5]
>>> num[2] = 6
>>> num[-1] = 7
>>> print(num)
[1, 2, 6, 4, 7]
```

2. 使用切片修改列表的元素

(1) 使用切片在列表任意位置插入新元素，不影响列表对象的内存地址，属于原地操作，示例代码如下：

```
>>> list_num = [1, 3, 5]
>>> list_num[len(list_num):]
[]
>>> list_num[len(list_num):] = [7]
>>> print(list_num)
[1, 3, 5, 7]
>>> list_num[:0] = [0, 2]
>>> print(list_num)
[0, 2, 1, 3, 5, 7]
>>> list_num[2:2] = [4]
>>> print(list_num)
[0, 2, 4, 1, 3, 5, 7]
```

(2) 使用切片替换和修改列表中的元素，示例代码如下：

```
>>> List = [3, 5, 7, 9]
>>> List[:3] = [1, 2, 3]          # 替换列表元素，等号两边的列表长度相等
>>> print(List)
[1, 2, 3, 9]
>>> List[3:] = [4, 5, 6]          # 切片连续，等号两边的列表长度可以不相等
```

```
>>> print(List)
[1, 2, 3, 4, 5, 6]
>>> List[::2] = [0]*3              # 隔一个修改一个
>>> print(List)
[0, 2, 0, 4, 0, 6]
```

(3) 使用切片删除列表中的元素，示例代码如下：

```
>>> List = [1, 3, 5, 7]
>>> List[:3] = []
>>> print(List)
[7]
```

5.2.4　列表元素的添加和删除

列表作为 Python 中的一种核心数据结构，因其特有的灵活性和动态性而受到广泛的使用。列表是一种可变的有序序列，这意味着它允许在创建之后对其进行元素的添加、删除以及内容更新等操作。相较于不可变序列 (如元组)，列表数据结构的特点在于其容量可变，可以通过内置的方法 (如 append()、insert()、extend()、pop()、remove() 等) 便捷地实现元素的增删改查，这极大地提高了在处理动态数据集时的便利程度。因此，列表在 Python 编程中常用于存储和管理需要频繁变动的数据序列。

1. 列表元素的添加

列表添加元素的方法有 append()、insert()、extend()。

(1) append() 用于向列表尾部追加一个元素，示例代码如下：

```
>>> num = [1, 2, 3, 4, 5, 6]
>>> num.append(7)
>>> print(num)
[1, 2, 3, 4, 5, 6, 7]
```

(2) insert() 用于在列表任意指定位置插入一个元素，第一个参数为索引值，第二个参数为添加的元素，示例代码如下：

```
>>> num.insert(0, 0)
>>> print(num)
[0, 1, 2, 3, 4, 5, 6, 7]
```

(3) extend() 用于将另一个列表中的所有元素追加至当前列表的尾部，示例代码如下：

```
>>> num_1 = [8, 9, 10]
>>> num.extend(num_1)
>>> print(num)
[0, 1, 2, 3, 4, 5, 6, 7, 8, 9, 10]
```

2. 列表元素的删除

列表删除元素的方法有 pop()、remove()、del。

(1) pop() 用于删除并返回指定位置 (默认是最后一个) 上的元素，示例代码如下：

```
>>> num.pop()
10
>>> print(num)
[0, 1, 2, 3, 4, 5, 6, 7, 8, 9]
>>> num.pop(5)
5
>>> print(num)
[0, 1, 2, 3, 4, 6, 7, 8, 9]
```

(2) remove() 用于删除列表中第一个与指定值相等的元素，示例代码如下：

```
>>> x = [1, 2, 1, 1, 2, 1]
>>> x.remove(1)
>>> print(x)
[2, 1, 1, 2, 1]
```

(3) 使用 del 可以删除列表中指定位置的元素，示例代码如下：

```
>>> del num[0]
>>> print(num)
[1, 2, 3, 4, 6, 7, 8, 9]
```

使用 del 还可将整个列表删除，示例代码如下：

```
>>> del num
>>> print(num)
Traceback (most recent call last):
  File "<pyshell#63>", line 1, in <module>
    print(num)
NameError: name 'num' is not defined
```

5.2.5　列表常用的函数和运算符

1. 列表常用的函数

(1) count() 用于返回列表中指定元素出现的次数，示例代码如下：

```
>>> x = [1, 2, 1, 1, 2, 1, 3, 4, 5]
>>> x.count(1)
4
```

(2) index() 用于返回指定元素在列表中首次出现的位置，如果该元素不在列表中，则抛出异常，示例代码如下：

```
>>> x.index(2)
1
>>> x.index(6)
```

```
Traceback (most recent call last):
  File "<pyshell#71>", line 1, in <module>
    x.index(6)
ValueError: 6 is not in list
```

(3) sort() 用于按照指定的规则对所有元素进行排序，示例代码如下：

```
>>> x.sort()
>>> print(x)
[1, 1, 1, 1, 2, 2, 3, 4, 5]
```

(4) reverse() 用于将列表中所有元素逆序或翻转，示例代码如下：

```
>>> x.reverse()
>>> print(x)
[5, 4, 3, 2, 2, 1, 1, 1, 1]
```

(5) clear() 用于清空列表，删除列表中的所有元素，保留列表对象，示例代码如下：

```
>>> x.clear()
>>> print(x)
[]
```

2. 列表支持的运算符

(1) 加法运算符 (+) 可以实现增加列表元素的目的，但不属于原地操作 (可通过 id() 查看地址)，需要返回新列表，示例代码如下：

```
>>> num = [1，2，3]
>>> num_1 = [4，5，6]
>>> id(num)
2624951907336
>>> num = num + num_1
>>> print(num)
[1, 2, 3, 4, 5, 6]
>>> id(num)
2624951844168
```

(2) 乘法运算符 (*) 可以用于列表和整数相乘，表示序列重复，返回新列表，示例代码如下：

```
>>> num = [1，2，1]
>>> num = num * 2
>>> print(num)
[1, 2, 1, 1, 2, 1]
```

(3) 成员测试运算符 (in) 可用于测试列表中是否包含某个元素，查询时间随着列表长度的增加而线性增加，而同样的操作对于集合而言则是常数级的，示例代码如下：

```
>>> num_1 = [1，2，3]
```

```
>>> num_2 = [1，2，"3"]
>>> 3 in num_1
True
>>> 3 in num_2
False
```

(4) 关系运算符可以用于比较两个列表的大小 (逐个比较对应位置的元素，直到能够比较出大小为止)，示例代码如下：

```
>>> [1, 2, 4] > [1, 2, 3, 5]
True
>>> [1, 2, 4] == [1, 2, 3, 5]
False
```

5.2.6 列表推导式

列表推导式使用非常简洁的方式来快速生成满足特定需求的列表，代码具有较强的可读性。列表推导式在逻辑上等同于一个循环语句，只是形式上更加简洁。示例代码如下：

```
>>> List_1 = [x*x for x in range(10)]
>>> print(List_1)
[0, 1, 4, 9, 16, 25, 36, 49, 64, 81]
```

上述代码等同于以下代码：

```
>>> List_2 = []
>>> for x in range(10):
        List_2.append(x * x)
>>> print(List_2)
[0, 1, 4, 9, 16, 25, 36, 49, 64, 81]
```

5.3 元　　组

5.3.1 元组的创建与删除

在 Python 中，创建元组时，可以简单地将一组用逗号分隔的值用括号括起来，并将其赋值给一个变量。当元组只包含一个元素时，由于语法上的歧义性，为了避免与表示单个值的圆括号相混淆，需要在该元素后面添加一个逗号 "，"。示例代码如下：

```
>>> x = (1，2，3，4)
>>> print(x)
(1, 2, 3, 4)
```

```
>>> y = (1, )
>>> print(y)
(1, )
```

元组对象不支持删除元组中的元素，也不支持修改元组中的元素，但是可以使用 del
删除整个 tupleName 元组变量。示例代码如下：

```
>>> del x[1]
Traceback (most recent call last):
  File "<pyshell#160>", line 1, in <module>
    del x[1]
TypeError: 'tuple' object doesn't support item deletion
>>> del x
>>> print(x)
Traceback (most recent call last):
  File "<pyshell#162>", line 1, in <module>
    print(x)
NameError: name 'x' is not defined
```

5.3.2　元组的访问

可以通过元素的索引值访问元组中的元素，示例代码如下：

```
>>> x = (1, 2, 3, 4, 5)
>>> x[2]
3
>>> x[-2]
4
```

5.3.3　元组常用的内置函数

1. zip() 函数

zip() 函数在 Python 中承担着整合多个可迭代对象的角色，其功能在于接收一系列可
迭代对象 (如列表、元组或其他任何可迭代的数据结构) 作为输入参数。在执行过程中，
zip() 函数将这些输入对象中相对应位置的元素一一配对，形成一个个元组，并将这些元组
合并为一个新的迭代器对象。

当不同输入迭代器中的元素个数不相同时，zip() 函数在生成元组的过程中仅会考虑它
们中最短的那个迭代器的长度。也就是说，一旦遇到最短迭代器耗尽，后续较长迭代器中
的剩余元素将不再参与组合，最终返回的迭代器所产出的元组数目将与最短输入迭代器的
元素数目相匹配。若需要将该迭代器对象转换为列表以便直接查看所有打包好的元组，可
以使用 list() 函数对 zip() 结果进行转换。

用法：使用 zip([iterable，...]) 返回迭代器。

示例代码如下：

```
>>> zip((1，2，3)，("a"，"b"，"c"))
<zip object at 0x000002632B545D88>
>>> tuple(zip((1，2，3)，("a"，"b"，"c")))
((1，"a")，(2，"b")，(3，"c"))
```

2. map() 函数

map() 函数在 Python 中是一种内置的高阶函数，它至少接收两个参数：一个函数 (function) 和一个或多个可迭代对象 (iterable)。map() 函数的核心作用是将传入的函数依次应用到各个可迭代对象的所有元素上，并将每次函数调用的结果收集起来，形成一个新的迭代器。

用法：map(function，iterable，...)。

示例代码如下：

```
>>> def add(x):
x+=1
return x


>>> map(add，[5，6，7])
<map object at 0x000002632B55A940>
>>> tuple(map(add，[5，6，7]))
(6，7，8)
```

3. filter() 函数

filter() 函数用于过滤序列，将不符合条件的元素过滤，返回一个迭代器对象。该函数接收两个参数：第一个为函数，第二个为序列。序列的每个元素作为参数传递给函数进行判断，然后返回 True 或 False，最后将返回 True 的元素放到迭代器中。

用法：filter(function，iterable)。

示例代码如下：

```
>>> def odd(n):
return n % 2 == 1


>>> filter(odd，[1，2，3，4，5，6，7])
<filter object at 0x000002632B55A9B0>
>>> tuple(filter(odd，[1，2，3，4，5，6，7]))
(1，3，5，7)
```

5.3.4　序列解包

序列解包 (Sequence Unpacking) 是一种赋值技巧，它允许将一个序列 (如列表、元组) 中的多个元素同时赋值给多个变量。这种技术在处理函数返回多个值、解包参数列表或者在迭代时特别有用。示例代码如下：

```
# 定义一个包含两个元素的列表
>>>numbers = [10，20]
# 使用序列解包将列表中的元素分别赋值给两个变量
>>>a，b = numbers
>>>print("a:"，a)
# 输出：a: 10
>>>print("b:"，b)
# 输出：b: 20
```

5.3.5　生成器推导式

　　生成器推导式的用法与列表推导式较相似，但在形式上略有不同，生成器推导式使用圆括号作为定界符，而列表推导式使用方括号。

　　生成器推导式与列表推导式最大的不同是，生成器推导式的结果是一个生成器对象。生成器对象类似于迭代器对象，具有惰性求值的特点，只在需要时生成新元素，比列表推导式具有更高的效率，空间占用非常少，尤其适合大数据处理的场合。

　　使用生成器对象的元素时，可以根据需要将其转化为列表或元组，也可以使用生成器对象的 __next__() 方法或者内置函数 next() 进行遍历，或者直接使用 for 循环来遍历其中的元素。但是不论使用哪种方法访问其元素，只能从前往后正向访问每个元素，且没有任何方法可以再次访问已访问过的元素，也不支持使用下标访问其中的元素。当所有元素访问结束以后，如果需要重新访问其中的元素，必须重新创建该生成器对象，enumerate、filter、map、zip 等其他迭代器对象也具有同样的特点。

　　使用生成器对象的 __next__() 方法或内置函数 next() 进行遍历，示例代码如下：

```
>>> g = ((i+2)**2 for i in range(10))        # 创建生成器对象
>>> print(g)
<generator object <genexpr> at 0x0000016B2F083BF8>
>>> tuple(g)                                 # 将生成器对象转换为元组
(4，9，16，25，36，49，64，81，100，121)
>>> list(g)                                  # 生成器对象已遍历结束，没有元素了
[]
>>> g = ((i+2)**2 for i in range(10))        # 重新创建生成器对象
>>> g.__next__()                             # 使用生成器对象的 __next__() 方法获取元素
4
>>> g.__next__()                             # 获取下一个元素
9
>>> next(g)                                  # 使用内置函数 next() 获取生成器对象中的元素
16
```

使用 for 循环直接遍历生成器对象中的元素，示例代码如下：

```
>>> g = ((i+2)**2 for i in range(10))
```

```
>>> for item in g :                              # 使用循环直接遍历生成器对象中的元素
    print(item，end="")


4 9 16 25 36 49 64 81 100 121
```

生成器对象内，访问过的元素不再存在，filter 对象和 map 对象有类似的特点，示例代码如下：

```
>>> x = filter(None，range(20))
>>> 5 in x
True
>>> 5 in x
False
>>> y = map(str, range(20))
>>>"0" in y
True
>>>"0" in y
False
```

5.3.6　元组与列表的异同

元组与列表的异同如下：

(1) 相同之处：列表和元组都属于有序序列，都支持使用双向索引访问其中的元素，都可使用 count() 方法统计指定元素的出现次数，都可使用 index() 方法获取指定元素首次出现时的索引。

(2) 不同之处：元组属于不可变序列，不能直接修改元组中元素的值，也无法为元组增加或删除元素；而列表属于可变序列。

5.4　字　　典

5.4.1　字典的创建

使用赋值运算符"="将一个字典赋值给一个变量即可创建一个字典变量。示例代码如下：

```
>>> Dict = {"one":1，"two":2，"three":3}
>>> print(Dict)
{"one": 1, "two": 2, "three": 3}
```

5.4.2　字典元素的获取

字典中的每个元素表示一种映射关系或对应关系，当提供的"键"为下标时，就可以获取对应的"值"。如果字典中不存在这个"键"，则会抛出异常。示例代码如下：

```
>>> Dict["one"]
1
>>> Dict["four"]
Traceback (most recent call last):
  File "<pyshell#190>", line 1, in <module>
    Dict["four"]
KeyError: "four"
```

此外，get() 方法也可用来返回指定"键"对应的"值"，并且允许指定的键不存在时返回特定的"值"。示例代码如下：

```
>>> Dict.get("two")
2
>>> Dict.get("five")
>>> Dict.get("five", "Not Exists")
"Not Exists"
```

5.4.3　字典元素的添加和修改

当指定"键"作为下标并为字典元素赋值时，有以下两种含义：

(1) 若该"键"存在，则表示可修改该"键"对应的值；

(2) 若该"键"不存在，则表示须添加一个新的"键 : 值"对，即添加一个新元素。

示例代码如下：

```
>>> Dict = {"name":"Mark", "age":15, "high":155}
>>> Dict["age"] = 16
>>> print(Dict)
{"name": "Mark", "age": 16, "high": 155}
>>> Dict["weight"] = 52
>>> print(Dict)
{"name": "Mark", "age": 16, "high": 155, "weight": 52}
```

使用 update() 方法可以将另一个字典的"键 : 值"一次性全部添加到当前字典对象。如果两个字典中存在相同的"键"，则以另一个字典中的"值"为准对当前字典进行更新。示例代码如下：

```
>>> Dict = {"name":"Mark", "age":15, "high":155}
>>> Dict_new = {"age":16, "weight":52}
>>> Dict.update(Dict_new)
>>> print(Dict)
{"name": "Mark", "age": 16, "high": 155, "weight": 52}
```

5.4.4　字典及其元素的删除

(1) del 方法可通过键删除指定的元素，示例代码如下：

```
>>> Dict = {"name":"Mark"，"age":15，"high":155}
>>> del Dict["age"]
>>> print(Dict)
{"name": "Mark", "high": 155}
```

(2) pop() 方法可通过键删除指定的元素，使用 popitem() 方法可弹出并删除最后一个元素，示例代码如下：

```
>>> Dict = {"name":"Mark"，"age":15，"high":155}
>>> Dict.pop("high")
155
>>> print(Dict)
{"name": "Mark", "age": 15}
>>> Dict.popitem()
("age"，15)
>>> print(Dict)
{"name": 'Mark'}
```

5.4.5　字典推导式

字典推导式使用大括号"{ }"包裹以构造字典。运行字典推导式后，运行结果为一个字典结构。其语法格式如下：

```
{ 键 : 值 for 变量 in 对象 if 条件 }
```

此表达式通过变量遍历"对象"中的每一个元素，若满足设定的条件，则将"变量"的值映射为一对"键：值"，从而不断地丰富和构建出最终的字典。示例代码如下：

```
>>> Dict = {"name":"Mark"，"age":15，"high":155}
>>> Dict_con = {v:k for k，v in Dict.items()}
>>> print(Dict_con)
{"Mark": "name", 15: "age", 155: "high"}
```

5.5　集　　合

5.5.1　集合的创建

将集合赋值给变量即可创建一个集合对象，示例代码如下：

```
>>> set_num = {1，2，3，4，5}
```

```
>>> print(set_num)
{1, 2, 3, 4, 5}
```

此外，还可使用 set() 创建空集合，示例代码如下：

```
>>> num = set()
>>> print(num)
set()
```

集合中的元素均是唯一的，元素之间不允许重复，示例代码如下：

```
>>> set_num = {1，2，1，1，2，1，1，2，3，4，5，6，7}
>>> print(set_num)
{1, 2, 3, 4, 5, 6, 7}
```

5.5.2 集合的添加和删除

1. 集合的添加

(1) add() 方法可用于向集合中添加新元素，如果集合中已存在该元素，则会忽略该操作，示例代码如下：

```
>>> set_num = {1，2，3，4，5}
>>> set_num.add(6)
>>> print(set_num)
{1, 2, 3, 4, 5, 6}
>>> set_num.add(1)
>>> print(set_num)
{1, 2, 3, 4, 5, 6}
```

(2) update() 方法可用于将另一个集合中的元素添加到当前集合中，并自动去除重复元素，示例代码如下：

```
>>> set_num = {1，2，3，4，5}
>>> set_num1 = {3，4，5，6，7}
>>> set_num.update(set_num1)
>>> print(set_num)
{1, 2, 3, 4, 5, 6, 7}
```

2. 集合的删除

(1) pop() 方法用于随机删除并返回集合中的一个元素。如果集合为空，则抛出异常。示例代码如下：

```
>>> num = {1，2}
>>> num.pop()
1
>>> print(num)
```

```
{2}
>>> num.pop()
2
>>> print(num)
set()
>>> num.pop()
Traceback (most recent call last):
    File "<pyshell#253>", line 1, in <module>
        num.pop()
KeyError: 'pop from an empty set'
```

(2) remove() 和 discard() 方法可用于删除集合中的指定元素。当使用 remove() 方法删除集合中的指定元素时，如果指定元素不存在，就会抛出异常。当使用 discard() 方法删除集合中的指定元素时，如果指定元素不存在，则会忽略该操作。示例代码如下：

```
>>> num = {1，2}
>>> num.remove(2)
>>> print(num)
{1}
>>> num.discard(1)
>>> print(num)
set()
>>> num.discard(3)
>>> num.remove(3)
Traceback (most recent call last):
    File "<pyshell#264>", line 1, in <module>
        num.remove(3)
KeyError: 3
```

(3) clear() 方法用于清空集合，示例代码如下：

```
>>> num ={1，2，3}
>>> num.clear()
>>> print(num)
set()
```

5.5.3　集合的操作（交集、并集和补集）

1. 集合的交集

A 集合和 B 集合的交集：包含 A、B 集合共同具有的元素，求交集的符号为 "&"。若两个集合没有共同具有的元素，则结果为空集。任何集合和空集的交集都为空集。

示例代码如下：

```
>>> A = {1, 2, 3, 4, 5}
>>> B = {3, 4, 5, 6, 7}
>>> A & B
{3, 4, 5}
>>> C = {8, 9, 10}
>>> D = set()
>>> C & D
set()
```

2. 集合的并集

A 集合和 B 集合的并集：包含 A 集合和 B 集合中所有的元素，且相同的元素只出现一个，求并集的符号为“|”。任何集合和空集的并集为其本身。

示例代码如下：

```
>>> A = {1, 2, 3, 4, 5}
>>> B = {3, 4, 5, 6, 7}
>>> A | B
{1, 2, 3, 4, 5, 6, 7}
>>> C = {8, 9, 10}
>>> D = set()
>>> C | D
{8, 9, 10}
```

3. 集合的补集

A 集合对 B 集合的补集：包含在 A 集合但不在 B 集合中的元素。B 集合对 A 集合的补集：包含在 B 集合但不在 A 集合中的元素。求补集的符号为“-”。

示例代码如下：

```
>>> A = {1, 2, 3, 4, 5}
>>> B = {3, 4, 5, 6, 7}
>>> B - A
{6, 7}
>>> A - B
{1, 2}
```

本 章 小 结

本章详细介绍了 Python 中的组合数据类型，包括列表 (List)、元组 (Tuple)、字典 (Dictionary) 和集合 (Set)。深入探讨了这些数据类型的创建、访问、添加和删除操作，以及一些常见的应用场景。通过本章内容的学习，读者将能够熟练掌握这些数据结构的使用，并在实际编程中可以灵活运用。

本章思维导图如下：

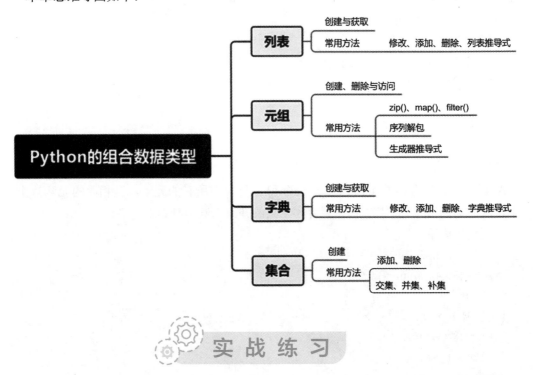

实 战 练 习

1. 编写一段程序，要求：创建列表，存储客人点的菜名 data=[' 红烧牛肉 ',' 麻婆豆腐 ',' 水煮肉片 ',' 回锅肉 ']，向列表中添加新的菜名 (外部输入)，最后打印并修改菜单列表。

2. 现有字典 like_number = {' 露西 ':[3,8,9],' 韩磊 ':[5,6,7],' 卢比 ':[8,3,5],' 海文 ':[6,5,7],' 路易 ':[9,1,10]}，该字典存储了 5 名队员最喜欢的球衣号码。请你设计一段程序，要求：当外部输入队员名字时，输出该队员最喜欢的球衣号码；如果输入的队员不在字典当中，则输出"查无此人"。

输入示例：

韩磊

输出示例：

韩磊最喜欢的球衣号码：

5 6 7

3. 编写一段程序，要求：将两个字符串转换为两个集合，求集合 1 相对于集合 2 的差异，并将结果排序后输出。

输入示例：

happy

java

输出示例：

['h', 'p', 'y']

4. 输入正整数 n，一球从 n 米的高度自由落下，每次落地后反跳回原高度的一半，然后再落下，求它在第 10 次落地时，共经过多少米？第 10 次反弹高度为多少？

## 第 6 章

Python 中的函数

6.1 函数的定义和调用

6.1.1 函数的定义

在编程过程中，会频繁遇到需要执行相同或相似操作的情形，而这些操作背后的实现往往是同一段代码逻辑。为了解决重复编写相同代码的问题，引入了函数这一概念。函数本质上是一段封装了特定功能且具备可重用性的语句集合，它通过一个特定的函数名来标识，并可通过调用该函数名来实现所需的功能。通过这种方式，函数不仅提高了代码的复用率和组织性，还使得程序设计更为清晰和高效。

函数定义的标准结构如下：

```
def < 函数名 > (< 参数列表 >):
    < 函数体 >
    return 表达式或值
```

在上述函数定义的标准结构中，"< 函数名 >"用于标识函数的独特身份，而"< 参数列表 >"则包含了执行函数所必需的输入参数。在函数主体部分即"< 函数体 >"中可编写执行特定任务的相关语句或表达式。"return 表达式或值"语句用于明确指定函数执行完毕后向调用者返回的结果。

当函数执行到 return 语句时，函数将停止执行并返回指定的表达式或值。若函数定义中未包含 return 语句，则在函数执行完毕后，默认返回 None 值。这意味着函数执行虽然完成，但并未向调用者提供显式的输出结果。

以下以一段计算斐波那契数列的函数为例，函数名为 fib，该函数的作用是根据调用函数时传递的 n 的值，即斐波那契的项数，打印输出第 1 项到第 n 项的值，代码如下：

```
>>> def fib(n):
a，b = 1，1
while a<n:
```

```
print(a，end=' ')
a，b = b，a+b
print()


>>> fib(1000)
1 1 2 3 5 8 13 21 34 55 89 144 233 377 610 987
```

6.1.2　函数的使用

在定义了一个函数之后，即可在后续的程序中调用该函数。需要注意的是，在 Python 中遵循"无前向引用"原则，即禁止在函数定义之前就尝试调用该函数。

程序调用函数的过程可以详细描述为以下四个有序阶段：

(1) 当程序执行到函数调用指令时，会在当前执行流程上暂停 (即挂起)。

(2) 系统会自动将调用函数时提供的实际参数值逐一赋给函数定义中的形式参数。

(3) 程序将进入函数体内部，逐行执行封装在其中的所有语句。

(4) 当函数执行完毕后，若有 return 语句，则将返回值传递回调用位置；若无 return 语句或返回 None，则函数执行结束后不带返回值。无论是否有返回值，程序都会从函数调用前的暂停点恢复执行流程，继续向下运行。

6.1.3　lambda 表达式

在 Python 编程语言中，存在着一套固定的保留关键字集，共包含 33 个成员，其中一个比较独特的是 lambda 关键字。它在 Python 中扮演着定义特殊类型函数的角色，这类函数被称为匿名函数，也常被称作 lambda 函数。

匿名函数之所以得此名，并非意味着它们不具备名称属性，而是其命名方式与常规函数有所区别。常规函数通常通过 def 关键字声明并赋予一个明确的标识符作为函数名，而 lambda 函数则以内联表达式的形式创建，省略了传统意义上的函数名声明环节。

lambda 函数以其简洁紧凑的特性，在仅使用一次或临时使用的小型函数场景下尤为实用。它的定义直接嵌入在表达式中，不需要独立的函数定义语句，而是将整个函数实体视作一个表达式的计算结果返回。这种特性使得 lambda 函数能够在需要临时使用的场合灵活运用。尽管 lambda 函数没有显式的函数名，但在实际应用中，它可以被赋值给变量，进而间接地拥有一个可引用的"名称"。

示例代码如下：

```
>>> f = lambda x,y:x+y
>>> type(f)
<class 'function'>
>>> f(4，5)
9
```

在上述代码中，"f = lambda x,y:x+y"这行代码利用 lambda 关键字定义了一个匿名函数，接收 x 和 y 两个参数，其功能是将这两个参数相加。lambda 函数体内的表达式 x+y 定义了该函数的具体行为。在这里，f 变量被赋值为这个匿名函数对象。通过调用 type() 来检测变量 f 的类型，可以看到输出结果是"<class 'function'>"，这表明 f 是一个函数类型的对象。

在编程实践中，特别是在诸如 Python 这样的支持高阶函数和匿名函数的语言中，可以通过将 lambda 表达式存储在列表结构中来构建一个函数列表，从而实现类似于跳转表的功能。跳转表通常是指能够根据索引快速访问不同功能单元的数据结构。在这种情况下，每一个列表元素都是一个可立即执行的 lambda 函数。

定义这样一个函数列表的方法可以描述为

列表名 = [(lambda 表达式 1)，(lambda 表达式 2)，…]

调用方法如下：

列表名 [索引](lambda 表达式的参数列表)

以下示例代码展示了如何使用函数列表的方法计算并打印 2 的平方、立方和四次方：

```
>>> L = [(lambda x:x**2)，(lambda x:x**3)，(lambda x:x**4)]
>>> print(L[0](2)，L[1](2)，L[2](2))
4 8 16
```

6.1.4　函数的返回值

return 语句在编程中承担着双重关键角色。首先，它用于终结当前函数的执行流程，确保程序控制流能够返回至调用该函数的位置并继续执行。其次，return 语句还可以携带计算结果，将 0 个、单个或多个函数内部处理的结果作为返回值传递回函数调用的地方。这些返回值可以是具体的数值、复合数据结构或其他可供返回的合法表达式结果。

示例代码如下：

```
>>> def func(a，b):
    return a*b

>>> s = func("Hello!"，2)
>>> print(s)
Hello!Hello!
```

以上示例代码定义了一个接收两个参数 a 和 b 的函数 func。该函数的功能非常简单，即返回这两个参数的乘积。调用 func 函数，并传入了两个参数："Hello!"(一个字符串) 和整数 2。按照上述函数逻辑，a 被赋值为 "Hello!"，而 b 被赋值为 2。函数执行后返回 "Hello!" 重复两次的结果，即 Hello!Hello!。

函数在某些情况下也可以不包含 return 语句，此时函数执行完毕后并不会向调用者返回任何值。

6.2 函 数 参 数

6.2.1 函数的形参与实参

1. 函数形参和实参的区别

在用 def 关键字时函数名后面括号里的变量称作形式参数，简称形参。在调用函数时提供的值或者变量称为实际参数，简称实参。

```
>>> # 下面的 a 和 b 就是形参
>>> def add(a，b):
return a+b


>>> # 调用函数：
>>> add(1，2)   # 这里的 1 和 2 是实参
3
>>> x=2
>>> y=3
>>> add(x, y)   # 这里的 x 和 y 是实参
5
```

2. 参数的传递

在 Python 编程语言中，遵循"万物皆对象"的理念，所有数据类型 (包括但不限于字符串常量、整型常量等) 都被视为对象实例。具体而言，变量并不直接存储对象本身，而是存储对象的引用 (或者说地址)，以指向内存中实际的对象实体。这就意味着，当我们通过变量传递参数时，实际上是在传递对象引用，而非复制整个对象。这种参数传递机制在 Python 中称为"引用传递"，这种机制有助于提高程序效率并维护数据的一致性。

示例代码如下：

```
>>>x = 2
>>>y = 2
>>> print(id(2))
1820027936
>>> print(id(x))
1820027936
>>> print(id(y))
1820027936
>>>z = "hello"
```

```
>>> print(id("hello"))
2077067579632
>>> print(id(z))
2077067579632
```

在上述代码中，首先初始化两个整数变量 x 和 y，都赋值为 2。然后使用 id() 函数分别打印出整数 2 的标识符以及变量 x 和 y 的标识符。id() 函数在 Python 中返回对象的唯一标识，即对象在内存中的地址。结果显示，所有指向整数 2 的变量 x 和 y 具有相同的 id 值，这是因为 Python 为了节省内存和提高性能，对于较小的整数值会采用一种叫作"小整数池"的优化策略，即所有在程序中出现的相同小整数会共享同一个内存空间。接下来，初始化一个字符串变量 z，赋值 "hello"，同样使用 id() 函数打印出字符串 "hello" 以及变量 z 的标识符，可以看到它们也指向相同的地址。但对于字符串，Python 只会在一定条件下进行缓存，也就是说在一些情况下，Python 会创建多个独立的字符串对象。上述代码的处理过程如图 6-1 所示。

图 6-1　代码处理过程

Python 中参数传递时也采用值传递。在绝大多数情况下，在函数内部直接修改形参的值不会影响实参。示例代码如下：

```
>>> def add_a(x):
x = x + 1
print(x)


>>> x = 3
>>> add_a(x)
4            # 输出 4
>>> print(x)
3            # 输出 3
```

在有些情况下，可以通过特殊的方式在函数内部修改实参的值：

```
>>> def mode1(a, b):
a = 2
b = [7, 8, 9]
return


>>> def mode2(a, b):
a = 2
```

```
b[0] = 1          # 同时修改了实参的内容
return


>>> x = 10
>>> y = [4，5，6]
>>> mode1(x，y)
>>> print(x)
10
>>> print(y)
[4, 5, 6]
>>> mode2(x，y)
>>> print(x)
10
>>> print(y)
[1, 5, 6]
```

在以上 Python 代码片段中，我们定义并执行了两个函数 mode1 和 mode2，以此来探讨函数参数传递的不同效果。

(1) 函数 mode1 接收两个参数 a 和 b。在函数内部，a 被重新赋值为 2，b 被赋值为新的列表 [7, 8, 9]。然而，由于 Python 采用的是传值调用 (对于不可变对象) 和引用调用 (对于可变对象) 的方式，当函数结束并返回时，局部变量 a 和 b 的改变并不会影响到外部原始参数 x 和 y 的值。因此，调用 mode1(x，y) 后，输出 x 仍为 10，y 保持原列表 [4，5，6]不变。

(2) 函数 mode2 同样接收两个参数 a 和 b，并在函数内部将 a 重新赋值为 2。然而，不同于 mode1，函数 mode2 中并未改变 b 的引用，而是修改了 b 所指向的列表的元素，即通过 b[0] = 1 将列表的第一个元素改为 1。由于列表是可变对象，对列表的元素进行修改会影响到原始引用的对象。因此，在调用 mode2(x，y) 后，x 的值仍然保持为 10，但 y 列表的内容发生了变化，其中第一个元素变为 1，故输出结果为 [1，5，6]。

6.2.2　函数参数的类型

1. 位置参数

位置参数是比较常用的形式，调用函数时实参和形参的顺序必须严格一致，并且实参和形参的数量必须相同。示例代码如下：

```
>>> def demo(a，b，c):
print(a，b，c)


>>> demo(3，4，5)    # 按位置传递参数
```

```
3 4 5
>>> demo(4，5，3)
4 5 3
>>> demo(5，6，7，8)
Traceback (most recent call last):
  File "<pyshell#35>", line 1, in <module>
    demo(5，6，7，8)
TypeError: demo() takes 3 positional arguments but 4 were given
```

2. 默认值参数

在调用带有默认值参数的函数时，可以不用为设置了默认值的形参进行传值，此时函数会直接使用函数定义时设置的默认值，当然也可以通过显式赋值来替换其默认值。在调用函数时是否为默认值参数传递实参是可选的。示例代码如下：

```
>>> def say(message，times = 1):
print((message + "") * times)


>>> say("Hello")
Hello
>>> say("Hello"，3)
Hello Hello Hello
```

注意：在定义带有默认值参数的函数时，任何一个默认值参数右边都不能再出现没有默认值的普通位置参数，否则会提示语法错误。示例代码如下：

```
>>> def say(times = 1，message):
print((message + "") * times)


SyntaxError: non-default argument follows default argument
```

3. 关键参数

关键参数主要指调用函数时的参数传递方式，与函数定义无关。通过关键参数可以按参数名字传递值，明确指定哪个值传递给哪个参数，实参顺序可以和形参顺序不一致，这不影响参数值的传递结果，且避免了用户需要牢记参数位置和顺序的麻烦，使得函数的调用和参数传递更加灵活方便。示例代码如下：

```
>>> def demo(a，b，c=5):
print(c，b，a)


>>> demo(4，3)
5 3 4
>>> demo(a=1，b=2，c=3)
```

```
3 2 1
>>> demo(c=7, a=9, b=8)
7 8 9
```

4. 可变长度参数

可变长度参数主要有两种形式：在参数名前加 1 个 * 或两个 *。

(1) *parameter 用于接收多个位置参数并将其放在一个元组中，示例代码如下：

```
>>> def demo(*p):
print(p)


>>> demo(1, 2, 3)
(1, 2, 3)
>>> demo(1, 2)
(1, 2)
>>> demo(1, 2, 3, 4, 5)
(1, 2, 3, 4, 5)
```

(2) **parameter 用于接收多个关键参数并将其存放到字典中，示例代码如下：

```
>>> def demo(**p):
for item in p.items():
print(item)


>>> demo(a=1, b=2, c=3)
('a', 1)
('b', 2)
('c', 3)
```

6.3 变量的作用域

变量生效的代码区域被称为变量的作用域，各作用域内的变量彼此隔离，互不影响，这意味着即使同名变量存在于不同的作用域内也不会混淆。按照作用域，可将变量分为局部变量和全局变量。

局部变量是局限于函数内部定义和使用的变量，其生命周期与函数执行过程绑定，一旦函数执行完毕，局部变量就会被系统自动释放，不再占用内存资源。

全局变量则是在函数外部定义的变量，其作用范围跨越整个程序文件，各个函数均可访问。针对全局变量的使用，有两种典型情况：

(1) 当全局变量已经在函数外部被定义时，若要在某个函数内部对其进行赋值并希望这个赋值操作能够影响到函数外部的全局变量值，就需要在函数内部使用关键字 global 声明该变量为全局变量，这样才能对全局变量进行修改。

(2) 如果一个变量起初在函数外部并未定义，但已在函数内部使用 global 关键字声明并赋值，那么该变量将被视为新的全局变量，并在整个程序范围内生效。函数执行完成后，新创建的全局变量依然存在，可供其他函数或后续代码继续访问和使用。

示例代码如下：

```
>>> def demo():
global a
a = 3
b = 4
print(a，b)


>>> a = 5
>>> demo()
3 4
>>> a
3
>>> b
Traceback (most recent call last):
    File "<pyshell#10>", line 1, in <module>
        b
NameError: name 'b' is not defined
>>> del a
>>> a
Traceback (most recent call last):
    File "<pyshell#12>", line 1, in <module>
        a
NameError: name 'a' is not defined
>>> demo()
3 4
>>> a
3
>>> b
Traceback (most recent call last):
    File "<pyshell#15>", line 1, in <module>
        b
NameError: name 'b' is not defined
```

在上述代码中，首先定义了一个名为 demo 的函数，并在函数内部使用关键字 global 声明了变量 a 为全局变量，这意味着在函数内部对 a 进行赋值时将会更改全局作用域内的 a 值；初始化全局变量 a 为 3，同时在函数内部定义了一个局部变量 b 并赋值 4；打印出全局变量 a 和局部变量 b 的值。然后在函数外部，给全局变量 a 赋值 5，再调用函数 demo()，由于函数内部改变了全局变量 a 的值，因此输出为 3(函数内部更新后 a 的值) 和 4(局部变量 b 的值)。注意，尽管函数内部打印出了 b 的值，但由于 b 是局部变量，所以在函数外部无法访问到它。若尝试直接输出变量 b 的值，会触发 NameError，这是因为 b 仅在 demo() 函数内部有效，外部环境中并没有定义 b。接下来使用 del 关键字删除全局变量 a，再次尝试输出变量 a 的值，此时会引发 NameError，这是因为全局变量 a 已经被删除。再次调用 demo() 函数，函数内部重新定义并初始化全局变量 a 为 3，由于 b 是局部变量，函数结束后其值并未保存。调用函数后再次输出变量 a 的值，由于函数内部重新定义了全局变量 a，所以输出为 3。最后，再一次尝试输出变量 b 的值，同样引发了 NameError，这是因为在全局作用域内 b 始终未被定义。

如果局部变量与全局变量具有相同的名字，那么该局部变量会在自己的作用域内隐藏同名的全局变量。示例代码如下：

```
>>> def demo():
a =3          # 创建了局部变量，并自动隐藏了同名的全局变量


>>> a = 5
>>> a
5
>>> demo()
>>> a
5          # 函数执行不影响全局变量的值
```

6.4 闭包和递归函数

6.4.1 闭包

在计算机科学中，函数内部定义并返回另一个函数的现象被称为闭包 (Closures)。闭包是一种特殊的函数对象，它能够记住并访问其外部作用域 (即定义它的父函数的作用域) 中的变量，即使在其父函数已经关闭 (执行完毕) 的情况下也能继续维持这些变量的值。

示例代码如下：

```
def sum_add():
    def add(a，b):
        return a+b
```

```
        return add              # 返回 add 函数对象
# 创建一个闭包
sum_s = sum_add()
# 使用闭包进行计算并输出结果
print(sum_s(2, 3))
```

在上述示例代码中，在函数 sum_add() 内部定义了一个嵌套函数 add(a，b)，此时 add 函数便构成了一个闭包。闭包的关键特性在于它可以捕获并持久化外部函数 (这里是 sum_add()) 中的自由变量，即使在外部函数执行结束后，这些变量依然可以被闭包内部的函数所引用和操作。

在实际应用中，可以将这个嵌套函数 add(a，b) 作为外部函数 sum_add() 的返回值。这样一来，调用 sum_add() 函数后得到的就是一个可执行的函数对象 add，这个 add 函数携带着在 sum_add() 内部定义的上下文环境，可以在后续代码中独立调用并实现相应的功能。

6.4.2　递归函数

函数的递归是一种独特的函数调用机制，它表现为函数在其内部直接或间接地调用自身，从而形成一种逻辑上的自我迭代过程。递归调用的执行路径表现为函数反复调用自身，形成一个层层嵌套的调用链，直至达到某个预设的终止条件为止。每层递归调用都会生成一个新的调用层级，并在满足终止条件时开始逐层返回结果，直至回归到最初的函数调用点，整个递归过程由此得以完成。

递归调用的执行流程可以形象地描绘为：

(1) 函数在初始调用时接收参数并进入函数体。

(2) 在函数体内，根据当前状态判断是否满足递归结束条件。若是，则直接计算并返回结果；若不满足结束条件，则函数调用自身，传入新的参数 (通常是简化版的问题实例)。

(3) 新的调用实例执行同样的流程，重复上述判断和调用步骤。如此反复，直至到达满足结束条件的调用层级。

(4) 当满足结束条件且返回结果后，上一层递归调用获取该结果，并基于此进行必要的计算和处理，然后返回结果给上一层级。这一过程沿着调用栈逐层向上返回，直至最初发起递归调用的位置，得到最终的计算结果。

递归调用过程示意图如图 6-2 所示。

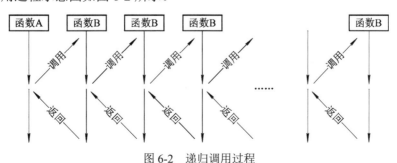

图 6-2　递归调用过程

我们用函数递归的思想来求一个数的阶乘：

$$n! = n(n-1)!$$

示例代码如下：

```
def fac(n):
    if n==1:
        s = 1
    else:
        s = (fac(n-1) * n)
    return s


x = int(input(" 请输入一个整数，以便计算它的阶乘："))
print(fac(" 这个数的阶乘为："，x))
```

运行结果如下：

```
请输入一个整数，以便计算它的阶乘：5
这个数的阶乘为：120
```

在上述示例代码中，我们定义了一个函数 fac，它接收一个参数 n，用于计算 n 的阶乘。在函数体内，使用条件语句检查 n 是否等于 1，这是递归调用的终止条件或基本情况。如果 n 等于 1，则给变量 s 赋值 1 并直接返回。否则，函数会递归地调用自身，传入参数 n－1，并将返回的结果与 n 相乘，以此逐步逼近问题的答案。最终，当满足递归调用的终止条件时，所有嵌套的函数调用会逐层返回计算结果，并组合成 n 的阶乘。

6.5 常见的 Python 内置函数

Python 有许多内置的函数，我们只需要了解其用法和功能就能直接使用，非常方便。常见的 Python 内置函数如表 6-1 所示。

表 6-1 常见的 Python 内置函数

函数名	功　　能
help()	用于查看函数或模块用途的详细说明
dir()	不带参数时，返回当前范围内的变量、方法和定义的类型列表；带参数时，返回参数的属性、方法列表
hex()	用于将十进制整数转换成十六进制，以字符串形式表示
next()	返回迭代器的下一个项目
divmod()	把除数和余数运算结果结合起来，返回一个包含商和余数的元组 (a // b, a % b)
id()	用于获取对象的内存地址

续表

函数名	功　能
str()	将对象转化为适合人阅读的形式
sorted()	对所有可迭代的对象进行排序操作
ascii()	将对象转换成对应的 ASCII 字符表示的字符串。对非 ASCII 字符使用特殊转义序列来表示，以确保整个结果字符串中只包含 ASCII 范围内的字符
oct()	将一个整数转换成八进制字符串
bin()	返回一个整数 int 或者长整数 long int 的二进制表示
open()	用于打开一个文件
sum()	对序列进行求和运算
filter()	用于过滤序列，过滤掉不符合条件的元素，返回由符合条件的元素组成的新列表
format()	格式化字符串
len()	返回对象（字符、列表、元组等）长度或项目个数
range()	返回的是一个可迭代对象（类型是对象）
zip()	将可迭代的对象作为参数，将对象中对应的元素打包成一个个元组，然后返回由这些元组组成的对象
compile()	将一个字符串编译为字节代码
map()	根据提供的函数对指定序列做映射
reversed()	返回一个反转的迭代器
round()	返回浮点数 x 的四舍五入值

本 章 小 结

　　本章全面介绍了 Python 中函数的相关知识，包括函数的定义和调用、函数参数、变量的作用域、闭包和递归函数以及常见的 Python 内置函数。首先，我们深入剖析了如何在 Python 中定义和调用自定义函数，明确了参数传递、返回值设定以及函数体内部逻辑实现的细节。接着，我们重点阐述了变量作用域这一重要概念，区分了局部变量和全局变量的差异，并讨论了如何在函数内部、外部以及闭包环境下正确理解和使用变量。另外，本章还对闭包的概念及其在 Python 中的实际应用进行了讲解，使读者得以理解闭包如何维持函数内外部状态，并了解其在高阶函数和装饰器等复杂应用场景中的重要作用。最后，我们列举并解析了 Python 中一系列常用的内置函数，旨在让读者能够全面认识和熟练掌握这些内置于语言本身、功能强大的函数工具，从而为深入理解和应用函数编程技巧奠定扎实基础。

　　本章思维导图如下：

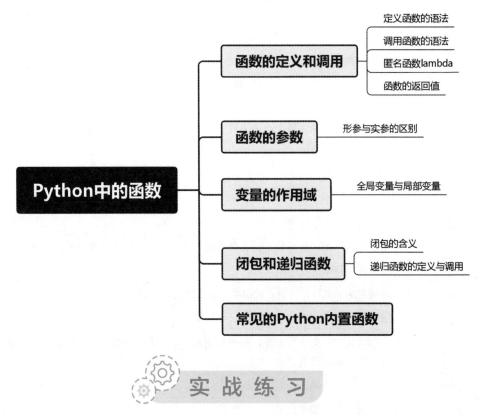

 实 战 练 习

1. 某个公司采用公用电话传递数据，数据是四位的整数，在传递过程中是加密的，加密规则如下：

每位数字都用该位数字与 5 的和除以 10 的余数来代替，再将得到的新数字的第一位和第四位交换，第二位和第三位交换。

请编写加密的函数与解密的函数。

输入示例：

8712

输出示例：

加密后的数 7623

解密后的数 8712

2. 编写一个程序，实现对数据的筛选，要求如下：

(1) 输入两个正整数 a 和 b(a<b)。

(2) 定义一个函数 fun，该函数接收两个参数，即 num_1 和 num_2。要求找出 num_1 到 num_2 之间 (包括 num_1 和 num_2) 满足除以 3 的余数为 2、除以 5 的余数为 3、除以 7 的余数为 2 的所有数，并打印输出满足条件的数，打印完一个之后输出回车再打印下一个；如果不存在满足条件的数，则打印输出"区间不存在满足条件的数"。

(3) 将 a、b 作为参数传入函数 fun，并调用函数。

3. 请实现一个比较大小的函数，要求如下：

(1) 输入四个数 x1、y1、x2、y2，用于表示平面上两个点的坐标 A(x1，y1) 和 B(x2，y2)。

(2) 定义一个函数 fun，求 A、B 两点之间的曼哈顿距离。提示：平面上 A 点 (x1，y1) 与 B 点 (x2，y2) 的曼哈顿距离为 |x1 − x2| + |y1 − y2|。

(3) 调用函数 fun，将结果打印出来。

4. 递归吃桃：一只小猴买了若干个桃子。第一天它刚好吃了这些桃子的一半，又贪嘴多吃了一个；接下来的每一天它都会吃掉剩余的桃子的一半外加一个。第 n 天早上起来一看，只剩下 11 个桃子了。请问小猴买了几个桃子。

输入格式：输入一个正整数 n，表示天数。

输出格式：输出小猴买了多少个桃子。

5. 小青蛙跳台阶：一只青蛙，一次可以跳 1 级台阶，也可以跳 2 级。求该青蛙跳一个 n 级的台阶时，总共有多少种跳法。输入一个正整数 n 表示台阶级数，计算出 n 级台阶有多少种跳法。要求使用递归函数实现。

第 7 章

Python 中的模块

7.1 模块概述

模块在 Python 编程中是一个组织和封装代码的重要单元，它实质上是一个包含了 Python 程序代码的独立文件。在模块中，开发者可以定义各种功能组件，如函数、类以及变量等。采用模块化编程具有以下几个显著优势。

(1) 消除命名冲突。通过将相关的函数和变量封装在各自的模块中，可以有效地避免不同模块间因函数名或变量名相同而导致的命名冲突问题，从而提升代码的整洁性和可读性。

(2) 增强代码可寻性。通过模块化，可以将代码划分为具有明确功能和目的的单元，从而有利于开发者更轻松地定位和查找所需代码，大大简化了大型项目管理与维护的工作难度。

(3) 促进代码重用。模块设计的核心理念之一是代码重用。模块化的结构使开发者能够便捷地导入和使用预先编写好的模块，减少重复编码工作，提升开发效率，并降低潜在的错误风险。

(4) 灵活的选择性导入。模块提供了按需导入的功能，允许开发者根据项目的具体需求选择性地导入所需的模块部分，既节约了系统资源，又保证了程序架构的轻量化与高效性。

7.2 自定义模块

在 Python 编程中，自定义模块是指由用户自行创建的、包含了可重用代码的 .py 文件。自定义模块有两个作用：

(1) 规范代码，让代码更易于被阅读。

(2) 方便其他程序使用已经编好的代码。

7.2.1　创建模块

创建模块是指将相关的代码 (变量定义和函数定义等) 编写在一个单独的文件中，并命名为 "模块名 .py" 的形式。创建模块，实际上就是创建一个 .py 文件。

注意：创建模块时，设置的模块名尽量不要与 Python 自带的标准模块名相同；模块文件的扩展名必须是 ".py"。

7.2.2　导入模块

创建模块后，在其他的程序中就可以使用该模块。使用前需要先导入模块，导入模块有两种方式。

1. 使用 import 语句导入模块

import 语句的基本语法如下：

```
import 模块名 [as 别名 ]
```

说明：

(1) 导入模块后就可以使用该模块中的变量、函数和类，使用时需要在该名称前添加 "模块名 ." 作为前缀。

(2) 为了使用时更加方便，可以使用 as 关键字为模块名设置别名。后面就可通过别名调用模块中的变量、函数和类。

(3) 使用 import 语句时可以一次导入多个模块，每个模块之间使用 "，" 进行分割。

2. 使用 from...import 语句导入模块

使用 import 语句导入模块时，每执行一条 import 语句，就会创建一个新的命名空间，并且在该命名空间执行与 .py 文件相关的所有语句。如果不想在每次导入模块时都创建新的命名空间，而是将具体的定义导入当前的命名空间中，就可以使用 from...import 语句，利用该语句可以直接访问变量、函数和类，不需要再添加前缀。

说明：命名空间可以理解为记录对象名字和对象之间对应关系的空间。目前 Python 的命名空间大部分是通过字典实现的。key 是标识符，value 是具体的对象。

from...import 语句的语法格式如下：

```
from modulename import member
```

说明：

(1) modulename：模块名称，区分大小写。

(2) member：用于指定要导入的变量、函数或者类等。可以同时导入多个定义，用 "，" 分隔。

在导入模块时，如果想要导入全部定义，可以使用通配符 "*" 代替，示例代码如下：

```
>>> from time import *
```

如果想要查看具体导入了哪些定义，可以通过显示 dir( ) 函数来查看，示例代码如下：

```
>>>print(dir())
['__annotations__', '__builtins__', '__doc__', '__loader__', '__name__', '__package__', '__spec__', 'altzone',
```

'asctime', 'clock', 'ctime', 'daylight', 'get_clock_info', 'gmtime', 'localtime', 'mktime', 'monotonic', 'perf_counter', 'process_time', 'sleep', 'strftime', 'strptime', 'struct_time', 'time', 'timezone', 'tzname']

注意：在使用 from...import 语句导入模块中的定义时，需要保证所导入的内容在当前的命名空间中是唯一的，否则将出现冲突，后导入的同名变量、函数或者类会覆盖先前导入的。这时就需要使用 import 语句进行导入。

7.2.3 模块搜索目录

当使用 import 语句导入模块时，默认情况下系统会按照以下顺序查找模块。

(1) 在当前目录 (执行的 Python 脚本文件所在目录) 下查找；

(2) 到 PYTHONPATH(环境变量) 下的每个目录中查找；

(3) 到 Python 的默认安装目录下查找。

以上各个目录的具体位置保存在标准模块 sys 的 sys.path 变量中。可通过以下代码输出具体目录：

```
>>> import sys
>>> print(sys.path)
['', 'D:\\python3.6.6\\Lib\\idlelib', 'D:\\python3.6.6\\python36.zip', 'D:\\python3.6.6\\DLLs', 'D:\\python 3.6.6
\\lib', 'D:\\python3.6.6', 'C:\\Users\\17566\\AppData\\Roaming\\Python\\Python36\\site-packages', 'D:\\python3.6.6
\\lib\\site-packages', 'D:\\python3.6.6\\lib\\site-packages\\pip-19.0.3-py3.6.egg', 'E:\\project\\settings', 'D:\\python3.6.6
\\lib\\site-packages\\win32', 'D:\\python3.6.6\\lib\\site-packages\\win32\\lib', 'D:\\python3.6.6\\lib\\site-packages
\\Pythonwin']
```

如果要导入的模块不在以上代码所示的目录中，那么在导入模块时就会报错。此时可以通过以下 3 种方法添加指定的目录到 sys.path 中。

(1) 临时添加：在导入模块的 Python 文件中添加。例如，如果需要将 "E:/Python/Code/demo" 目录添加到 sys.path 中，就可以使用下面的代码。

```
>>> import sys
>>> sys.path.append('E:/Python/Code/demo')
>>> print(sys.path)
['', 'D:\\python3.6.6\\Lib\\idlelib', 'D:\\python3.6.6\\python36.zip', 'D:\\python3.6.6\\DLLs', 'D:\\python3.6.6
\\lib', 'D:\\python3.6.6', 'C:\\Users\\17566\\AppData\\Roaming\\Python\\Python36\\site-packages', 'D:\\python3.6.6
\\lib\\site-packages', 'D:\\python3.6.6\\lib\\site-packages\\pip-19.0.3-py3.6.egg', 'E:\\project\\settings', 'D:\\python3.6.6
\\lib\\site-packages\\win32', 'D:\\python3.6.6\\lib\\site-packages\\win32\\lib', 'D:\\python3.6.6\\lib\\site-packages
\\Pythonwin', 'E:/Python/Code/demo']
```

注意：通过该方法添加的目录只在执行当前文件的窗口中有效，窗口关闭后即失效。

(2) 增加 .pth 文件：在 Python 安装目录下的 "lib\site-packages" 子目录中创建一个扩展名为 .pth 的文件，文件名任意。

示例：创建一个 mrpath.pth 文件，在该文件中添加要导入模块所在的目录，如 "E:/Python/Code/demo"。创建 .pth 文件后，需要重新打开要执行的导入模块的 Python 文件，否则新添加的目录不起作用。通过该方法添加的目录只在当前版本的 Python 中有效。

(3) 在环境变量中添加：打开"环境变量"对话框，如果没有 PYTHONPATH 系统环境变量，则需要先创建一个，否则直接选中 PYTHONPATH 变量，单击编辑，在弹出的对话框的"变量值"处添加新的模块目录 (见图 7-1)。使用这种方法时，需要重新打开要执行的导入模块的 Python 文件，否则新添加的目录不起作用。通过该方法添加的目录可以在不同版本的 Python 中共享。

新建系统变量		×
变量名(N):	PYTHONPATH	
变量值(V):	E:/Python/Code/demo	
浏览目录(D)...	浏览文件(F)...	确定　　取消

图 7-1　在环境变量中添加目录

7.3　以主程序的形式执行

在 Python 中，一个 .py 文件既可以作为一个独立的主程序执行，也可以作为模块被其他程序导入使用。接下来介绍如何创建一个模块并以主程序形式执行该模块。

首先创建一个名为 christmastree 的模块，示例代码如下：

```
pinetree = " 松树 "              # 定义一个全局变量
def fun_christmastree():          # 定义函数
    pinetree = " 圣诞树 "         # 定义局部变量
print(pinetree)


fun_christmastree()
pinetree = " 一棵 " + pinetree    # 为全局变量赋值
print(pinetree)
```

执行结果如下：

```
圣诞树
一棵松树
```

然后在与模块同等级的目录中，创建一个 main.py 的文件，在该文件中导入模块。示例代码如下：

```
>>> import christmastree
>>> print(" 全局变量的值为：", christmastree.pinetree)
```

执行结果如下：

>>> 圣诞树

>>> 一棵松树

>>> 全局变量的值为：一棵松树

导入模块后，不仅输出了全局变量的值，而且模块中原有的代码也被执行了。将 christmastree 模块原有的测试代码放在一个 if 语句中。示例代码如下：

```python
pinetree = " 松树 "
def fun_christmastree():
    pinetree = " 圣诞树 "
    print(pinetree)


if __name__ =="main":
    fun_christmastree()
    pinetree = " 一棵 " + pinetree
    print(pinetree)
```

再次执行导入模块的 main.py 文件，示例代码如下：

```python
>>> import christmastree
>>> print(" 全局变量的值为：", christmastree.pinetree)
```

执行结果如下：

全局变量的值为：松树

注意：在每个模块中都包括一个记录模块名称的变量 __name__，程序可以检查该变量，以确定它们在哪个模块中执行。如果一个模块不是被导入其他程序中执行，那么它可能在解释器的顶级模块中执行。顶级模块的 __name__ 变量的值为 __main__。

7.4　Python 中的包

包作为一种高级的组织结构，表现为一种分层的目录体系，其核心功能在于将一组具有相似或相关功能的模块集中存储于同一目录之下，从而实现代码的结构化和模块化管理。这样做不仅有助于提升代码的规范性，还能够在一定程度上防止因模块名称重复而导致的命名冲突问题。

7.4.1　创建包

创建一个 Python 包，实质上涉及建立一个特殊的目录结构。在这个特殊的目录内部，一个不可或缺的组成部分是名为"__init__.py"的 Python 脚本文件。此文件的存在与否直接影响 Python 解释器是否将该目录识别为一个合法的包结构。在 __init__.py 文件中，开发者可以根据需求选择性地编写代码，当然该文件也可为空。值得注意的是，当外部程序导入该包时，__init__.py 文件中的所有代码将会自动执行。

接下来示例如何创建一个包。在 E 盘根目录下，创建一个名为 project 的文件夹，作为工程。然后在工程中创建一个名为 settings 的文件夹 (见图 7-2)。接下来在 IDLE 中，创建一个名为 "__init__.py" 的文件，保存在 settings 文件夹中，并且该文件不写入任何内容 (见图 7-3)。此时，名称为 settings 的包就创建完毕了，之后就可以在该包中创建所需的模块。

图 7-2　创建文件夹

图 7-3　创建名为 "__init__.py" 的文件

7.4.2　使用包

从包中加载模块有以下三种方式。

(1) 通过 "import + 完整包名 . 模块名" 形式加载指定模块。

首先，在刚创建的 settings 包中创建一个 size 模块，并且在该模块中定义两个变量 (见图 7-4)。

```
size.py - E:\project\settings\size.py (3.6.6)
File  Edit  Format  Run  Options  Window  Help
width = 800        #宽度
height = 600       #高度
```

图 7-4　创建一个名为 size 的模块

然后，在主函数中进行调用 (若报错，则需使用前面的方法添加模块所在的目录)，示例代码如下：

```
>>> import settings.size
>>> if __name__ =='main':
print(" 宽度： ",  settings.size.width)
print(" 高度： ",  settings.size.height)
```

执行结果如下：

```
>>> 宽度：800
>>> 高度：600
```

需要注意的是，主函数应与包在同一等级目录下 (参考图 7-5)。通过该方法导入 size 模块后，在调用模块中的 width 和 height 变量时，就需要在变量名前加入前缀 "settings. size."。

名称	修改日期	类型	大小
settings	2022/5/10 10:02	文件夹	
main.py	2022/5/10 10:04	Python File	1 KB

图 7-5　主函数与包在同一等级目录下

(2) 通过 "from + 完整包名 + import + 模块名" 形式加载指定模块，示例代码如下：

```
>>>from settings import size
>>> if __name__ =='main':
print(" 宽度： ", size.width)
print(" 高度： ", size.height)
```

执行结果如下：

```
>>> 宽度：800
>>> 高度：600
```

通过该方法导入模块后，在使用时不需要带包的前缀，但是需要带模块名的前缀。

(3) 通过 "from + 完整包名 . 模块名 + import + 定义名" 形式加载指定模块，示例代码如下：

```
>>> from settings.size import width，height
>>> if __name__ =='main':
print(" 宽度： ", width)
print(" 高度： ", height)
```

执行结果如下：

```
>>> 宽度：800
>>> 高度：600
```

通过该方法导入模块的函数、变量或类后，在使用时直接使用其名就可以了，不需要再加前缀。可同时导入该模块下的多个定义。若想导入模块下的全部定义，可使用 "*" 代替定义名。

7.5　Python 中的第三方库

7.5.1　第三方库简介

Python 语言的库，分为 Python 标准库和 Python 的第三方库。Python 标准库是在 Python

安装的时候默认自带的库；而 Python 的第三方库，需要下载后安装到 Python 的安装目录下。不同的第三方库，安装及使用方法不同。

7.5.2　第三方库的安装

在使用第三方库时，需要先下载并安装该库，然后再进行导入。

可以使用 Python 的 pip 命令实现第三方库的安装，具体语法如下：

```
pip install 模块名
```

在使用 Python 的 pip 命令安装第三方库时，可能会遇到无法连接到 Python 包索引源 (PyPI) 的问题，这会影响学习和开发进度，导致无法下载所需的软件包。为了解决这个问题，可以使用 Python 的镜像源。镜像源是一个网站，允许从另一个地点下载 Python 包。这些网站遍布全球，我们可以从更近的位置下载 Python 包，从而加快下载速度，提高学习和开发效率。

常见的镜像源有清华镜像源、豆瓣镜像源和阿里云镜像源。

7.5.3　Python 常用的第三方库

Python 得益于其庞大且多样的第三方库生态系统，这些珍贵的资源在各个技术领域内极大地拓宽了其功能边界并提升了实用性。表 7-1 将重点介绍一些在业界广泛采纳且久经考验的常用的第三方库。

表 7-1　常用的第三方库及对应的描述

名　称	描　　述
time	提供与时间相关的各种函数
calendar	提供与日期相关的各种函数
random	提供随机数等相关函数
math	提供标准算术运算函数
turtle	提供海龟画图等相关函数
sys	与 Python 解释器及其环境操作相关
os	提供访问操作系统服务功能
json	用于使用 JSON 序列化对象
re	用于在字符串中执行正则表达式匹配和替换
logging	提供了灵活地记录事件、错误、警告和调试信息等日志信息的功能
tkinter	使用 Python 进行 GUI 编程

7.5.4　使用 pyinstaller 库打包程序

如果想将编写的程序打包成可执行的 .exe 文件，可以使用 pyinstaller 这个第三方库。

首先在命令行下载 pyinstaller 包，命令如下：

```
pip install pyinstaller
```

下载完成以后，对工程进行打包即可，步骤如下：

(1) 先在终端中打开工程文件，如图 7-6 所示。

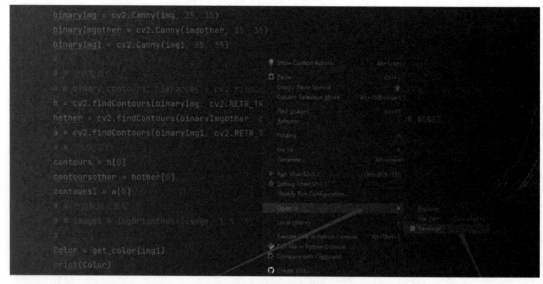

图 7-6　在终端中打开工程文件

(2) 对工程文件进行打包。打包的基本指令如下：

```
pyinstaller  -option 工程名 .py
```

pyinstaller 主要的命令选项 (option) 有四种，如表 7-2 所示。

表 7-2　pyinstaller 主要的命令选项

参　数	说　　　　明
-F	产生单个的可执行文件
-D	产生一个目录 (包含多个文件)，作为可执行程序
-w	exe 程序运行时是否显示命令符窗口
-i	为生成的可执行文件添加一个图标

确定好打包命令后，在图 7-7 所示的窗口输入打包命令即可完成打包。

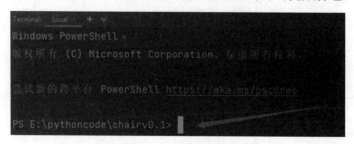

图 7-7　输入打包命令

本 章 小 结

本章深入探讨了 Python 中的模块，包括模块的定义、自定义模块的创建以及模块的导入方法。此外，本章还介绍了"包"的概念，以及 Python 中众多第三方库的使用，旨在帮助学生更好地组织和管理代码。对于希望将开发好的程序打包为可执行的 .exe 文件的用户，本章还提供了使用 pyinstaller 库进行打包的相关指南。

本章思维导图如下：

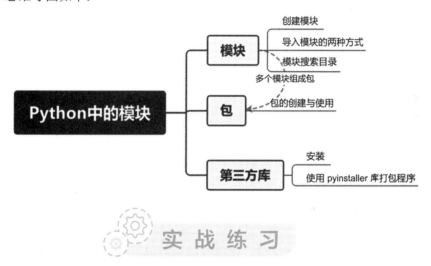

实 战 练 习

1. 定义一个 geometry 模块，在该模块下定义 print_triangle(n) 和 print_diamand(n) 两个函数，分别用于在控制台用星号"*"打印三角形和菱形，并为模块和函数提供文档说明。

2. 定义一个 fk_class 模块，在该模块下定义 Teacher、Student、Computer 三个类，并为模块和类提供文档说明。

3. 定义一个 fk_package 包，并在该包下提供 foo 和 bar 两个模块，每一个模块下又包含任意两个函数。

第 8 章

异 常 处 理

8.1 异 常 概 述

在程序开发时，有些错误并不是每次运行都会出现。只要输入的数据符合程序要求，程序就可以正常运行；如果输入的数据不符合程序要求，就会抛出异常并停止运行。这时，就需要在开发程序时对可能出现异常的情况进行处理。本章将详细介绍 Python 中提供的异常处理语句。

常见的异常及其描述如表 8-1 所示。

表 8-1　常见的异常及其描述

异　　常	描　　述
NameError	尝试访问一个没有声明的变量时引发的错误
IndexError	索引超出序列范围时引发的错误
IndentationError	缩进错误
ValueError	传入的值错误
KeyError	请求一个不存在的字典关键字时引发的错误
IOError	输入 / 输出错误
ImportError	当 import 语句无法找到模块或者 from 无法在模块中找到相应的名称时引发的错误
AttibuteError	尝试访问未知的对象属性时引发的错误
TypeError	类型不合适时引发的错误
MemoryError	内存不足
ZeroDivisionError	除数为 0 时引发的错误

8.2　异常处理语句

8.2.1　try...except 语句

在 Python 中提供了 try...except 语句来捕获异常。在使用时，把可能产生异常的代码放在 try 语句块中，把处理结果放在 except 语句块中。这样，当 try 语句块中的代码出现错误时，就会执行 except 语句块中的代码；如果 try 语句块中的代码没有报错，那么 except 语句块将不会执行。具体语法格式如下：

```
try:
    block1
except [ExceptionName [as alias]]:
    block2
```

参数说明：

block1：表示可能出现错误的代码块。

ExceptionName [as alias]：可选参数，用于指定要捕获的异常。其中，ExceptionName 表示要捕获的异常的名称，如果在其右侧加上 "as alias"，则表示给当前的异常指定一个别名，通过该别名，可以记录异常的具体内容。

block2：表示进行异常处理的代码块。在这里可以输出固定的提示信息，也可以通过别名输出异常的具体内容。

注意：在使用 try...except 语句捕获异常时，如果 except 后面不指定异常名称，则表示捕获全部异常。使用 try...except 语句捕获异常后，当程序出错时，输出错误信息后，程序会继续执行。

示例代码如下：

```
while True:
    try:
        x = int(input(" 请输入一个数字 : "))
        break
    except ValueError:
        print(" 您输入的不是数字，请再次尝试输入！ ")
```

运行结果如下：

```
请输入一个数字 :a
您输入的不是数字，请再次尝试输入！
请输入一个数字 :1
```

上述代码通过循环实现了持续接收用户输入并验证输入内容的功能，直到接收到一个有效的数字为止。

8.2.2 try...except...else 语句

在 Python 中，还有另外一种异常处理语句，即 try...except...else 语句，也就是在原来的 try...except 语句的基础上再添加一个 else 子句，用于指定当 try 语句模块中没有出现异常时要执行的语句块。该语句块中的内容在 try 语句中出现异常时，将不被执行。

示例代码如下：

```
try:
    result = 20 / int(input(' 请输入除数 :'))
    print(result)
except ValueError:
    print(' 必须输入整数 ')
except ArithmeticError:
    print(' 算术错误，除数不能为 0')
else:
    print(' 没有出现异常 ')
print(" 继续执行 ")
```

运行结果如下：

```
请输入除数 :2
10.0
没有出现异常
继续执行
请输入除数 :a
必须输入整数
继续执行
```

上述代码通过 Python 的异常处理机制，实现了对用户输入除数并执行除法运算的安全控制。如果用户输入的是一个合法的整数且不为零，则除法运算正常进行且没有任何异常发生。

8.2.3 try...except...finally 语句

完整的异常处理语句应包含 finally 代码模块。通常情况下，无论程序中有无异常产生，finally 代码模块中的代码都会被执行。基本语法格式如下：

```
try:
    block1
except [ExceptionName [as alias]]:
    block2
finally:
    block3
```

示例代码如下：

```
try:
    a = int(input(" 请输入 a 的值 :"))
    print(20/a)
except:
    print(" 发生异常！ ")
else:
    print(" 执行 else 块中的代码 ")
finally :
    print(" 执行 finally 块中的代码 ")
```

运行结果如下：

请输入 a 的值 :x

发生异常！

执行 finally 块中的代码

请输入 a 的值 :2

10.0

执行 else 块中的代码

执行 finally 块中的代码

8.2.4 raise 语句抛出异常

在 Python 中可以使用 raise 语句抛出一个指定的异常。语法格式如下：

raise [ExceptionName[(reason)]]

其中，ExceptionName[(reason)] 为可选参数，用于指定异常的名称，以及异常信息的相关描述。如果省略，就会把当前信息的错误原样抛出。

示例代码如下：

```
x = 10
if x > 5:
    raise Exception('x 不能大于 5。x 的值为 : {}'.format(x))
```

运行结果如下：

Traceback (most recent call last):

　File "E:\ 桌面 \python\main.py", line 3, in <module>

　　raise Exception('x 不能大于 5。x 的值为 : {}'.format(x))

Exception: x 不能大于 5。x 的值为 : 10

在上述代码中，当变量 x 的值大于 5 时，就会通过抛出异常的方式来通知程序出现了错误，并提供了具体的错误原因——变量 x 的值超出了预设范围。

raise 语句中唯一的一个参数指定了要被抛出的异常，它必须是一个异常的实例或者是异常的类 (也就是 Exception 的子类)。如果你只想知道是否抛出了一个异常，并不想去处理它，那么一个简单的 raise 语句就可以再次把它抛出。

示例代码如下：

```
try:
    raise NameError('HiThere')
except NameError:
    print('An exception flew by!')
    raise
```

运行结果如下：

```
An exception flew by!
Traceback (most recent call last):
  File "E:\ 桌面 \python\main.py", line 2，in <module>
    raise NameError('HiThere')
NameError: HiThere
```

在上述代码中，try 块内包含了"raise NameError('HiThere')"这一行。这里的 raise 关键字用于显式地抛出一个异常，意味着不论当前程序状态如何，这一行都会强制触发一个 NameError 异常。"except NameError:"块定义了对抛出的 NameError 异常的响应处理方式。当在 try 块内捕获到类型匹配的异常（即 NameError) 时，程序会执行 except 块内的代码。在 except 块内部还有一个 raise 语句，这意味着即使已经捕获到了 NameError 异常，并打印了提示信息，程序还会再次抛出刚刚捕获到的那个异常。这种做法通常是为了在记录异常信息、做一些清理工作之后，仍然让上层代码或者默认的异常处理机制来进一步处理这个异常，而不是在此处完全终止异常的传播。

8.3 自定义异常类

通过创建一个新的异常类，程序可以命名它们自己的异常。异常应该通过直接或间接的方式继承自 Exception 类，继承之后还需要自定义一个错误的消息，满足这两个条件之后，就可以去自定义一个异常类。

示例代码如下：

```
class CheckNameError(Exception):
    def __init__(self，message):
        self.message = message


def check_name(name):
    if name == 'Neo':
        raise CheckNameError('Neo 的名字不可以作为传参参数 ')
```

```
        return name

try:
        check_name('Neo')
except CheckNameError as e:
        print(e)
```

运行结果如下：

'Neo' 的名字不可以作为传参参数

上述代码自定义了一个异常类 CheckNameError，它是 Exception 基类的子类，专门用来处理名字检查过程中可能产生的错误情况。该类继承自 Python 内置的 Exception 类，在 CheckNameError 类中，定义了 __init__ 方法，这是所有 Python 类的构造方法，当创建 CheckNameError 实例时会被调用。该方法接收一个 message 参数，用于保存异常的具体信息，这里将传入的消息赋值给实例的 message 属性。当调用 check_name 函数并传入 'Neo' 作为参数时，会触发一个自定义异常 CheckNameError，并在捕获该异常后打印出相应的错误信息。

8.4 断言与上下文管理器

8.4.1 断言

在 Python 中，断言是用来判断一个表达式的，它在表达式条件为 false 的时候会触发异常。其语法格式如下：

```
assert expression
```

等同于：

```
if not expression:
        raise AssertionError
```

assert 后面也可以跟参数，其语法格式如下：

```
assert expression [ ,arguments]
```

等同于：

```
if not expression:
        raise AssertionError(arguments)
```

示例代码如下：

```
>>> assert True
>>> assert False
```

```
Traceback (most recent call last):
  File "<pyshell#1>", line 1, in <module>
    assert False
AssertionError
>>> assert 1==1
>>> assert 1==2
Traceback (most recent call last):
  File "<pyshell#3>", line 1, in <module>
    assert 1==2
AssertionError
>>> assert 1==2，'1 不等于 2'
Traceback (most recent call last):
  File "<pyshell#4>", line 1, in <module>
    assert 1==2，'1 不等于 2'
AssertionError: 1 不等于 2
```

在上述代码中，assert True 是一个始终成立的断言，这是因为 True 是一个布尔真值，所以这条语句执行时不会有任何异常，程序会顺利执行到下一条语句。而 assert False 这个断言表达式的值为 False，因此在执行时会触发 AssertionError 异常。回溯信息显示了错误发生的上下文，指出在执行 assert False 语句时发生了异常。同理，assert 1==1 这个断言条件为真，程序将继续执行；而 assert 1==2 这个断言条件为假，触发 AssertionError 异常。最后一个断言"assert 1==2，'1 不等于 2'"用于检测 1 是否等于 2，由于两者不等，因此触发 AssertionError 异常。在触发异常时，还提供了一个自定义的错误消息，此处的错误消息是 '1 不等于 2'，所以在异常回溯信息中显示了这个附加的错误消息。

8.4.2　上下文管理器

上下文管理器是 Python 中用来管理资源、执行特定操作以及处理异常的对象。无论代码块是否正常执行或引发异常，上下文管理器都能确保资源 (如文件、数据库) 的正确分配和释放。通常，上下文是指一段代码块，在进入和退出该代码块时，需要执行某些特定的行为。在 Python 中，上下文管理器通常与 with 语句一起使用，以确保在 with 语句块内的操作完成后，相关资源会被正确释放，而无须手动处理。

上下文管理器通过定义 __enter__() 和 __exit__() 两个类的特殊方法来实现资源的获取与释放。

(1) __enter__()：进入 with 语句块时被调用，通常用于获取资源或执行一些初始化操作，返回管理器对象。

(2) __exit__()：离开 with 语句块时被调用，无论代码块中是否发生异常，该方法都会被执行，通常用于释放资源以及处理异常情况。

接下来用一段程序展示如何自定义一个上下文管理器类 File，以及如何通过 with 语句与其结合使用，确保资源正确打开和关闭。

示例代码如下：

```python
# 自定义上下文管理器类
class File(object):
    def __init__(self, file_name, file_mode):
        self.file_name = file_name
        self.file_mode = file_mode


    def __enter__(self):
        # 上文方法，负责返回操作对象资源，比如：文件对象，数据库连接对象
        self.file = open(self.file_name, self.file_mode)
        return self.file


    def __exit__(self, exc_type, exc_val, exc_tb):
        # 下文方法，负责释放对象资源，比如：关闭文件，关闭数据库连接对象
        self.file.close()
        print('over')


# with 语句 结合上下文管理器对象使用
with File('1.txt', 'r') as f:
    # content = f.read()
    # print(content)
    f.write('qqq')  # 报错，但是仍然执行了关闭连接操作
```

在上述代码中，__enter__ 方法是上下文管理器的关键部分之一。当使用 with 语句初始化一个 File 对象时，__enter__ 方法会被自动调用。在此方法中，通过 open() 函数打开了指定名称和模式的文件，并将文件对象赋值给实例变量 self.file，随后返回这个文件对象。这意味着在 with 语句块内部可以通过 f 访问到打开的文件。__exit__ 方法是上下文管理器的另一个关键部分。在 with 语句块执行完毕（不论是正常结束还是因异常中断）后，__exit__ 方法会被调用。此方法接收三个参数，分别是异常类型、异常值和异常追踪信息，但在这里并未使用这三个参数。此方法的主要作用是关闭在 __enter__ 中打开的文件，确保资源被正确释放，并在关闭文件后打印出字符串 'over' 以指示文件关闭操作已完成。

最后，通过 with 语句使用自定义的 File 上下文管理器，试图以读取模式打开并写入文件 '1.txt'。但实际上由于文件是以只读模式打开的，因此执行 f.write('qqq') 会导致 IOError 异常。尽管如此，由于上下文管理器的作用，即使在出现错误的情况下，__exit__

方法依然会被调用，以确保文件会被正确关闭。在实际应用中，应确保 file_mode 与实际操作相匹配，以避免出现这类错误。

若要使一个函数成为上下文管理器，Python 还提供了一个名为 @contextmanager 的装饰器，该装饰器进一步简化了上下文管理器的实现方式。示例代码如下：

```python
from contextlib import contextmanager
# 加上装饰器，那么下面函数创建的对象就是一个上下文管理器
@contextmanager
def my_open(file_name, file_mode):
    global file
    try:
        file = open(file_name, file_mode)
        # yield 关键字之前的代码可以认为是上文方法，负责返回操作对象资源
        yield file
    except Exception as e:
        print(e)
    finally:
        # yield 关键字后面的代码可以认为是下文方法，负责释放操作对象的资源
        file.close()
        print('over')
# 普通函数不能结合 with 语句使用
with my_open('1.txt', 'r') as file:
    # content = file.read()
    # print(content)
    file.write('1')
```

在上述代码中，通过 yield 将函数分割成两部分，yield 上面的语句在 __enter__ 方法中执行，yield 下面的语句在 __exit__ 方法中执行，紧跟在 yield 后面的参数是函数的返回值。

本 章 小 结

本章详细探讨了 Python 中的异常处理机制。在程序开发过程中，某些错误可能不会在每次运行时都出现，因此需要对潜在的异常情况进行有效处理。Python 中主要使用 try...except 语句来处理异常，同时也可以通过 raise 语句主动抛出指定的异常。此外，如果标准的异常类不能满足开发需求，还可以自定义异常类。最后，介绍了断言 (assert) 与上下文管理器的使用机制和应用场景，以提高代码的健壮性和可维护性。

本章思维导图如下：

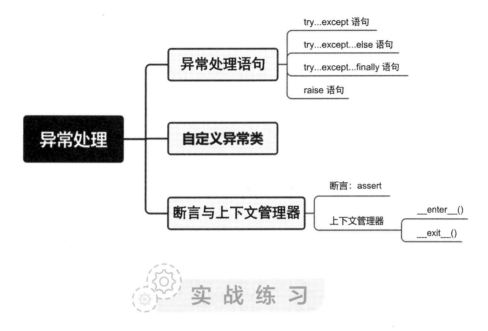

实 战 练 习

1. 提示用户输入一个整数 N，表示用户接下来要输入 N 个字符串，程序尝试将用户输入的每一个字符串用空格分割为两个整数，并计算这两个整数整除的结果。要求：使用异常处理机制来处理用户输入的各种错误情况，并提示用户重新输入。

2. 提供一个字符串元组，程序要求元组中的每一个元素的长度都在 5~20 之间，否则，程序会引发异常。

3. 提示用户输入 x1、y1、x2、y2、x3、y3 六个数值，分别代表三个点的坐标，程序会判断这三个点是否在同一条直线上。要求：使用异常处理机制处理用户输入的各种错误情况，如果三个点都不在同一条直线上，则程序出现异常。

4. 如果 Python 程序中出现错误代码，Python 解释器就会进行智能判断并给出错误信息。现在我们想要实现这么一种情况：虽然程序中有错误代码，但是不能让程序报错并中断运行，而是想让程序先用 print 打印出错误信息，然后继续执行。

请定义一个函数，它接收一个列表作为参数，然后在函数中输出 1 除以每一个列表中的值。

输入示例：

[1, "3", ",", [1, 2], (3,), {1, 3}, 0, pow, pow(2, 3)]

输出描述：如果能够成功相除，则打印相除后的结果，否则打印出报错的信息。

第 9 章

面向对象程序设计

9.1 面向对象概述

面向对象程序设计 (Object Oriented Programming，OOP) 是一种主要针对大型软件开发设计而提出的编程思想。该思想的提出使得软件设计更加灵活，能够很好地支持代码复用，使代码具有更好的可读性和可扩展性，从而显著提升软件开发的效率。

9.1.1 对象

在 OOP 的核心概念中，对象 (Object) 扮演了至关重要的角色，它是对现实世界事物的一种抽象体现。在 Python 编程语境下，无论是基础的数据结构 (如函数或类)，还是用户自定义的实体，皆可视为对象。对象的内在构成包含静态属性与动态行为两大部分。静态属性代表了对象固有的特征，如鸟类拥有爪子、翅膀和喙等描述性特征；动态行为则体现了对象的能力或操作，如鸟类能完成觅食、飞行和休息等活动。

9.1.2 类

类 (Class) 作为 OOP 中的另一个关键要素，是对象属性与行为的模板或蓝图。在 Python 中，把具有相同属性和方法的对象抽象为类。以人类为例，人类作为一个类，其成员属性包括性别、年龄和身高等，而诸如吃饭、睡眠和奔跑等动作则构成了类的方法集合。具体到个体层面，如张三这样的实例，则是从人类这一类中派生的具体对象。

9.1.3 面向对象程序设计的特点

Python 所实现的面向对象程序设计的功能全面且特色鲜明，具体来说有以下四个特点：

(1) 面向对象程序设计根植于面向对象的哲学，是一门动态类型的面向对象编程语言，允许在运行时动态绑定数据类型。

(2) 支持面向对象的基本原则，如封装 (信息隐藏)、继承 (结构重用)、多态 (多种形式表现)、方法重载以及方法重写，这些机制共同增强了代码的复用能力和适应性。

(3) 在 Python 中，无论是内建的序列、函数、模块等组件，还是开发者自定义的数据结构，均统一表现为对象，体现了语言的高度一致性。

(4) 在创建类的过程中，类的静态属性通过成员变量来表述，而动态行为则通过定义成员方法来实现，这种方法论有助于构建清晰、易于理解和拓展的软件架构。

9.2　类的定义与使用

在面向对象的程序设计中，类是创建对象的基础，类描述了所创建对象共有的属性和方法。

类的定义用关键字 class 进行标识，并且在整个类定义代码块执行完毕后，该类方能正式生效并投入使用。当进入类定义阶段时，系统将自动创建一个新的局部作用域，此后在此范围内定义的所有类的属性和方法都将作为该局部作用域内的变量存在。换言之，只有当类成功完成构建，才能真正运用此类来实例化对象并开展相关操作。

在 Python 中，类的定义语法如下：

```
class ClassName:
    ''' 类的提示信息 '''
    statement # 类体
```

参数说明：

(1) ClassName：用于指定类名，一般使用大写字母开头，如果包含多个单词，后面的单词也可以首字母大写。

(2) ''' 类的提示信息 '''：用于指定类的文档字符串，定义该字符串后，在创建类的对象时，输入类和左侧括号 "(" 后，将显示该提示信息。

(3) statement：类体，主要由类变量、方法和属性等定义语句组成。如果在定义类时，还不知道写什么功能，可以用 pass 语句占位。

示例代码如下：

```
class Car:
    # 属性
    wheelNum = 4
    color = "black"

    # 方法
    def getCarInfo(self):
        print(" 车轮数量：{0}，车身颜色：{1}".format(self.wheelNum，self.color))
    def run(self):
        print(" 车在高速行驶 ")
```

在上述代码中，设计了一个名为"Car"的类，其中封装了两个关键属性：车辆的车轮数量以及车身颜色，分别用于存储车辆的车轮数量及车身颜色信息。为了实现对车辆行为的抽象模拟和信息查询，又定义了两个方法，即 getCarInfo 和 run。getCarInfo 用于返回车辆的基本信息，包括车轮数量和车身颜色；run 用于模拟车辆运行的动作。

完成类的定义后，并不能直接使用，还需要创建一个实例。例如你制造一个汽车，首先出来的是设计图，但是设计图本身你只能看而不能开走，只有通过设计图制造出来的真正的汽车，才能被开走。这个真车就相当于实例。

因此要使用类，要先创建实例，又称为实例化该类的对象，语法如下：

```
ClassName(parameterlist)
```

其中，ClassName 是必选参数，用于指定具体的类；parameterlist 是可选参数，当创建一个类时，若没有创建 __init__() 方法或者 __init__() 方法只有一个 self 参数，则 parameterlist 参数可以省略。

self 参数有如下说明：

(1) 类的所有实例方法中必须至少有一个名为 self 的参数；

(2) self 必须是方法的第一个参数；

(3) self 参数表示创建对象自身；

(4) 在类中通过对象调用方法时，不需要传入此参数；

(5) 在类外通过类名调用方法时，必须显示为 self 传值。

self 代表当前对象的地址，能避免非限定调用时找不到访问对象或变量。当调用类中的方法时，程序会自动把对象的地址作为第 1 个参数传入；如果不传入地址，程序就不知道该访问哪个对象。在 Python 中，self 不是关键字，self 参数命名只是习惯，可以换成其他的名字，也就是说，self 名称不是必需的。

使用上述汽车类来实例化一个对象，示例代码如下：

```python
class Car:
    # 属性
    wheelNum = 4
    color = "black"

    # 方法
    def getCarInfo(self):
        print(" 车轮数量：{0}，车身颜色：{1}".format(self.wheelNum, self.color))
    def run(self):
        print(" 车在高速行驶 ")


if __name__ == "__main__":
    car = Car() # 实例化对象
    car.getCarInfo()  # 获取车的信息
```

运行结果如下：

" 车轮数量：4，车身颜色：black"

9.3 构造方法和析构方法

9.3.1 构造方法

在面向对象编程的 Python 中，__init__() 方法是一种特殊的成员方法，通常被称作构造方法或构造器。它在创建类的新实例的过程中扮演着核心角色，一旦有新的类实例生成，Python 解释器会自动调用这个方法。通过设计自定义的 __init__() 方法，能够在实例化阶段设置并初始化对象的属性。

在定义类结构时，可以选择性地实现 __init__() 构造方法。该方法必须包含一个名为 self 的参数，且该参数应当位于参数列表首位。self 参数是一个指向当前实例自身的引用，允许在方法内部访问和修改实例的所有属性及调用其他实例方法。尽管在创建类实例并调用 __init__() 时，self 参数会隐式地传递，但在实例化过程中，用户通常无须直接提供这个参数。

关于命名规范，__init__() 方法采用了双下画线前后包裹的形式，这是 Python 中约定俗成的形式，用来标识特殊方法，区别于一般的成员方法。

以之前提到的汽车类为例，为了在创建汽车对象时完成必要的初始化工作，可以编写一个自定义的构造方法 __init__()。示例代码如下：

```python
class Car:
    def __init__(self, wheel_count, color):
        """
        构造方法，负责初始化新创建的汽车对象属性
        参数:
        - wheel_count：车轮数量
        - color：车身颜色
        """
        self.wheel_count = wheel_count    # 设置车轮数量属性
        self.color = color    # 设置车身颜色属性
```

在上述代码中，当创建 Car 类的一个新实例时，将会自动调用此构造方法来初始化对象的 wheel_count 和 color 属性。

9.3.2 析构方法

在面向对象编程的 Python 中，析构方法是指一个特殊的对象生命周期方法，它在对

象即将被销毁前自动调用，用于清理或释放与对象关联的资源。这个方法在 Python 中称为 __del__()，它的主要作用是在对象不再需要时进行一些必要的清理操作。

__del__() 方法的工作原理依赖于 Python 的垃圾回收机制。当一个对象没有任何引用指向它时，Python 的垃圾收集器会在适当的时候删除这个对象，并在删除之前调用该对象的 __del__() 方法 (如果存在的话)。然而，需要注意的是，Python 何时调用 __del__() 方法并不是完全确定的，这取决于 Python 解释器的内部决策和垃圾回收的具体时机，因此不应过度依赖 __del__() 来执行关键的清理操作。

在具体实现上，__del__() 方法的定义形式如下：

```python
class MyClass:
    def __init__(self, ...): # 构造方法

        ...


    def __del__(self):
        """ 析构方法 """
        # 清理操作代码

        ...
```

它的调用形式表现为：使用关键字 del，后跟待删除对象的引用名称。

示例代码如下：

```python
class Car:
    # 构造方法
    def __init__(self, wheel_count=4, color="black"):
        self.wheel_count = wheel_count  # 设置车轮数量属性
        self.color = color  # 设置车身颜色属性


    # 析构方法
    def __del__(self):
print(" 这是一个析构方法！正在销毁汽车类的实例 ...")

    # 方法
    def getCarInfo(self):
        print(" 车轮数量：{0}，车身颜色：{1}".format(self.wheelNum，self.color))
    def run(self):
        print(" 车在高速行驶 ")


if __name__=="__main__":
    # 创建汽车实例
    car = Car()
```

```
car.getCarInfo()
# 删除汽车实例，此时 Python 垃圾回收机制会在适当时候调用析构方法
del car
```

9.4　类 的 继 承

面向对象编程的核心优势之一就是可以实现代码复用，其中一个重要手段就是利用继承机制。继承实质上构建了一种类之间的层级结构，表现为子类与父类间的继承关系。子类不仅可以自动获得父类中所有公开 (Public) 的数据属性和方法，而且还能通过新增或重写子类的代码来增强自身功能。这种机制使得数据成员和函数逻辑得以重复利用，极大地降低了代码的重复程度，提升了代码的简洁性和可维护性。

继承本质上是一种新型类的构造过程，新构建的类被称为子类或派生类，而被继承的原始类则被称为父类或基类。在实际应用中，选择采用继承的情景往往是面临一系列具有相似特性和行为且存在某种程度上的递进层次关系的类。例如，当发现多个类共享一组通用属性和方法，且部分类需要在此基础上扩展额外特性时，恰当地引入继承能够有效组织代码结构。

程序设计中的继承概念体现了类与类之间的归属联系。例如，教师类和学生类在逻辑上都是人类的细分种类，通过继承机制，可以在程序设计中表达出教师类和学生类均继承自更为通用的人类。

继承的语法格式一般如下：

class 子类名 (父类名 1，父类名 2，...)

其中，子类名紧跟在关键字"class"之后，并在其括号内指明父类名，表明子类继承自指定的父类。如果有多个父类，则需要全部写在括号里面，这种情况属于多继承；如果只有一个父类，这种情况属于单继承。

9.4.1　继承实现

Python 中的继承是面向对象编程的一种关键特性，它允许一个类 (称为子类或派生类) 从另一个类或多个类 (称为父类、基类或超类) 中继承属性和方法。通过继承，子类不仅可以复用父类的代码，而且可以根据需要扩展或修改父类的功能，从而降低代码冗余度，提高代码复用性和程序结构的合理性。

在 Python 中实现继承的语法如下：

class 父类名 :

　# 父类的属性和方法定义

class 子类名 (父类名 1[, 父类名 2, ...]):

```
    # 子类独有的属性和方法定义
    # 可以继承并可能重写父类的属性和方法
```

示例代码如下：

```python
class Person():
    print(" 我是一个父类 ")


class Teacher(Person):
    print(" 我是一个教师类，继承父类 ")


class Student(Person):
    print(" 我是一个学生类，继承父类 ")


student = Student()
print(student)
```

执行结果如下：

```
我是一个父类
我是一个教师类，继承父类
我是一个学生类，继承父类
<__main__.Student object at 0x0000026A89657820>
```

在上述代码中，先定义了一个父类 Person，然后定义了两个子类 Teacher 和 Student，两个子类都继承了父类 Person。当 student 对象生成后，该对象会自动调用父类的方法。

9.4.2   方法重写

在面向对象编程中，基类的所有公共成员（包括属性和方法）都会被其派生类自然地继承下来。然而，在某些情况下，基类中预设的方法可能无法完美地满足派生类的特定需求，这时就有必要在派生类中重新定义和改写该方法。这一过程被准确地称为方法重写 (Overriding)，有时在其他编程语言中又被称为方法覆盖或方法扩展。

以一个代码片段为例来说明这一概念，示例代码如下：

```python
class Person:
    def study(self):
        print(" 人学习中 .....")
class Student(Person):
    def study(self):
        print(" 学生学习中 .....")


student = Student()
student.study()
```

在上述代码中，学生类 (Student) 继承自人类 (Person)，并选择重写了父类的 study() 方法。通过重写，子类的 study() 方法将会覆盖父类 (基类) 的 study() 方法，这就是方法重写的典型应用。最终运行结果如下：

学生学习中 ……

9.5　类 的 多 态 性

　　在面向对象编程中，多态性指的是具有相同名称的函数或方法能够依据调用它们的对象类型表现出不同的行为。

　　接下来以一段代码为例，说明多态性在 Python 中的应用。示例代码如下：

```python
class Person(object):

    def run(self):

        print("person is running")


class Teacher(Person):

    def run(self):

        print("teacher is running")


class Student(Person):

    def run(self):

        print("student is running")


def run_twice(person):

    person.run()


run_twice(Person())

run_twice(Teacher())

run_twice(Student())
```

　　在上述代码中，首先定义了名为 Person 的父类，其中包含一个名为 run 的方法。然后定义了两个继承自 Person 的子类：Teacher 和 Student。在这两个子类中，各自重写了父类的run 方法。接下来定义了一个名为 run_twice 的函数。最后调用 run_twice 函数并传入不同类型的实例对象，实际执行了三次 run 方法。每次调用时，因为多态性，Python 会根据传入对象的实际类型调用对应的 run 方法。如果传递给 run_twice 函数的参数是 Student，则会调用 Student 的 run()；如果传递的参数是 Teacher，则调用 Teacher 的 run()。其运行结果如下：

person is running

teacher is running

student is running

在 Python 中，多态性特点可归纳如下：

(1) 只关心对象的实例方法是否同名，不关心对象所属的类型；

(2) 对象所属的类之间，继承关系可有可无；

(3) 增加代码的外部调用灵活度，让代码更加通用，兼容性更强；

(4) 多态是调用方法的技巧，不会影响到类的内部设计。

9.6 运算符重载

运算符重载 (Overload) 是面向对象编程中的一项关键技术，它允许开发者赋予类的实例新的含义，就像给玩具装了新的玩法说明书。原本，Python 里的运算符 (比如加减乘除、比较大小等) 只能按照固定的方式来"玩"，若开发者新设计自定义类，则可以教这些运算符学会新的"玩法"。比如说，"+"运算符通常不具备对自定义类执行加法操作的能力。然而，通过在类中实现特定的方法——__add__()，可以对其进行重载，赋予其特定的加法行为。换句话说，当在程序中对两个该类的实例对象执行加法运算，即使用"+"符号连接它们时，Python 解释器并不会直接执行基本的数值加法操作，而是寻找并调用类中定义的 __add__() 方法。因此，可以说通过调用 __add__() 方法，实现了对"+"运算符的重载，使其能够适应特定类的加法操作需求，从而使得两个实例对象进行加法运算时，能够自动调用这个方法进行处理 (见图 9-1)。

图 9-1　调用加法运算的执行逻辑

接下来以一段代码为例，说明加法运算符 ("+") 的重载。示例代码如下：

```python
class Array:
    # 构造方法
    def __init__(self, obj):
        self.data = obj[:]


    def __add__(self, obj):
        m = len(self.data)
```

```
        n = len(obj.data)
        if m != n:
                raise IndexError(" 异常，两个数组长度不相等 ")
        new_list = []
        for i in range(m):
                new_list.append(self.data[i] + obj.data[i])
        # 返回包含更新列表的实例对象
        return Array(new_list)


arr1 = Array([1，2，3])
arr2 = Array([7，8，9])


# 执行加法运算，实质上是调用 __add__ 方法
arr3 = arr1 + arr2

print(arr3.data)
```

该代码通过 __add__() 方法，使得类的实例能够响应加法运算 (即 "+" 运算符)。当两个 Array 类的实例进行加法运算时，Python 会调用这个方法。在方法内部，首先检查两个数组的长度是否相等。如果长度不相等，则抛出 IndexError 异常；如果长度相等，则创建一个新的空列表 new_list，接着遍历两个数组的所有元素，逐个将对应位置的元素相加后存入 new_list。最后，返回一个新建的 Array 实例，其数据成员为 new_list，即实现了两个数组元素级别的相加。在上述代码中，arr1 和 arr2 通过使用加法运算符 "+" 相加，实际上背后调用的是 Array 类中定义的 __add__() 方法。执行加法操作后，结果存储在新的 Array 实例 arr3 中。最后，打印 arr3 的 .data 属性，输出的是加法运算后的结果列表 [8，10，12]，即

[8，10，12]

表 9-1 给出了一些常见的 Python 运算符重载方法及其说明。

表 9-1　运算符重载方法及其说明

方　法	说　明	何时调用方法
__add__	重载加法运算符 +	对象加法：x+y, x+=y
__sub__	重载减法运算符 −	对象减法：x-y, x-=y
__mul__	重载乘法运算符 *	对象乘法：x*y, x*=y
__div__	重载除法运算符 /	对象减法：x/y, x/=y
__getitem__	索引，分片	x[i]、x[i:j]、没有 __iter__ 的 for 循环
__setitem__	索引赋值	x[i] = 值、x[i:j] = 序列对象
__delitem__	索引和分片删除	del x[i]、del x[i:j]

本 章 小 结

本章介绍了 Python 的面向对象程序设计的思路与方法，包括类的定义与使用、构造方法和析构方法、类的继承与多态性及运算符重载。首先，分析了面向对象程序设计的基本概念和特点。接着讲解了如何通过 class 关键字来定义类以及定义类中的方法和属性，为实例化该类的对象奠定基础。随后，讲解了构造方法和析构方法，构造方法在创建对象时会自动调用，用于初始化对象的属性，析构方法在对象即将被销毁前调用，用于执行清理工作。紧接着又分析了类的继承与多态性，展示了如何调用父类方法以及重写方法以实现子类的特有行为，增强代码的灵活性和可维护性。最后介绍了运算符重载。

本章思维导图如下：

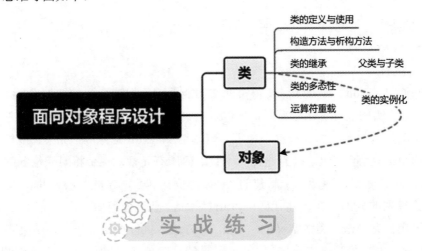

实 战 练 习

1. 小明在某一学期总共进行了 4 次考试，每次考试的考试科目都为语文、数学、外语、计算机。学期末老师分析小明本学期的学习情况时，需要计算本学期小明每次考试四门科目的平均成绩，老师想编写一个类来完成这个功能，并使用构造方法初始化小明的成绩。现在请你来实现这个程序。

输入描述：依次按照语文、数学、外语、计算机的成绩顺序输入。

输出描述：依次输出 4 次小明的考试成绩。

2. 某租车公司现存在三种车型：上汽大通 G10、2017 别克 GL8、奥迪 A6，它们的日租费用分别为 220 元、317 元、657 元。请创建一个汽车父类 Car，然后再创建三个子类 (G10、GL8、A6)，这三个子类分别代表三种不同的车型。要求：

(1) 这三个子类都继承父类 Car；

(2) 父类中包含一个初始化属性的构造方法，子类中包含一个计算租金的成员方法。

3. 现在线上支付越来越流行了，支付宝支付和微信支付几乎成为线上支付的主要方式。请实现一个线上支付程序，要求：

(1) 定义一个支付类 Pay，再定义它的两个子类 Alipay(支付宝支付) 和 Wechatpay(微信支付)，拥有一个 pay 函数，接收一个支付金额参数，当调用 pay 函数时就打印出一条支付金额的信息。

(2) 定义一个人类 Person，它包含一个 consumption 函数，表示消费金额，接收两个参数：支付方式类的对象和支付金额。

(3) 先输入支付方式，1 表示支付宝支付，2 表示微信支付，再输入支付金额，最后输出相关信息。

输入示例：

1

60

输出示例：

支付宝支付了 60.0 元

第 10 章

Python 中的文件操作

10.1 文件的概念

文件是一种记录、保存和传递信息的媒介。它能够以文字、图像、音频、视频等多种形式存储和展示信息。在计算机文件系统中，有效地进行文件操作的第一步是理解文件的不同形态。基于文件内部数据的组织结构，文件主要可以划分为两大类别：文本文件与二进制文件。

文本文件存储的是常规字符串，由若干文本行组成，通常每行以换行符"\n"结尾。常规字符串是指记事本或其他文本编辑器能正常显示的信息。

二进制文件把对象内容以字节串 (bytes) 形式进行存储，无法用记事本或其他普通字处理软件直接进行编辑，通常也无法被人类直接阅读理解。

10.2 基本文件操作

10.2.1 创建和打开文件

在 Python 中，操作文件时需要先创建或者打开指定的文件并创建文件对象，可以通过内置的 open() 函数实现。语法格式如下：

```
file = open(filename，[mode[，buffering]])
```

参数说明如下：

(1) file：被创建的文件对象。

(2) filename：要创建或打开的文件的文件名称，需要使用单引号或双引号括起来。如果要打开的文件和当前文件在同一个目录下，那么直接写文件名即可，否则需要指定完整路径。

(3) mode：可选参数，用于指定文件的打开模式，其模式如表 10-1 所示，默认模式为

读取模式 (文本)'r'。

表 10-1　mode 参数的参数值说明

值	模　式	说　　明
'r'	读取模式 (文本)	打开文件进行读取。如果文件不存在或无法读取，则会抛出异常
'rb'	读取模式 (二进制)	同 'r' 模式，但在二进制模式下读取，适用于非文本数据
'w'	写入模式 (文本)	打开文件进行写入，会覆盖原有内容 (若文件存在)。若文件不存在，则创建新文件
'wb'	写入模式 (二进制)	同 'w' 模式，但在二进制模式下写入，会覆盖原有内容或创建新文件
'a'	追加模式 (文本)	打开文件进行追加操作，将内容添加到文件末尾，不会覆盖原有内容。若文件不存在，则创建新文件
'ab'	追加模式 (二进制)	同 'a' 模式，但在二进制模式下追加，不会覆盖原有内容。若文件不存在，则创建新文件
'r+'	更新模式 (读写，文本)	打开文件用于读写，文件必须已经存在，否则会抛出异常
'rb+'	更新模式 (读写，二进制)	同 'r+' 模式，但在二进制模式下读写
'w+'	更新模式 (读写，文本)	打开文件用于读写，若文件存在，则会被清空，否则创建新文件
'wb+'	更新模式 (读写，二进制)	同 'w+' 模式，但在二进制模式下读写
'a+'	更新模式 (读写，文本)	打开文件用于读写，初始时文件指针位于末尾，可读取和追加。若文件不存在，则创建新文件
'ab+'	更新模式 (读写，二进制)	同 'a+' 模式，但在二进制模式下读写

10.2.2　关闭文件

在 Python 中，正确关闭文件是非常重要的操作，因为它可以确保文件内容被完整地写入磁盘，并释放系统资源。以下是几种常用的关闭文件的方法。

1. 使用 close() 方法

我们可以直接调用文件对象的 close() 方法来关闭文件。例如打开一个名为 'example.txt' 的文件，写入一些东西后关闭文件。示例代码如下：

```
file = open('example.txt', 'w')
file.write('Some content...')
file.close() # 手动关闭文件
```

2. 使用上下文管理器 (with 语句)

在 Python 编程实践中，强烈建议通过使用 with 语句并结合 open() 函数创建上下文管理器，这样可以在执行完文件操作的代码块后自动调用 close() 方法，从而有效地管理和释放系统资源，提高代码的健壮性和安全性。示例代码如下：

```
with open('example.txt'，'w') as file:
    file.write('Some content...')
    # 文件会在退出 with 代码块后自动关闭
```

3. 使用 try...finally 语句

在不使用 with 语句的情况下，还可以使用 try...finally 语句块来确保文件无论如何都会被关闭。这种方法要求在 try 部分执行文件打开及读写操作，而在 finally 部分放置关闭文件的指令。这样一来，无论 try 块中的代码是否引发异常或者正常执行完毕，finally 块中的关闭文件操作都将得到执行，从而保证了文件在程序结束对文件的处理后一定会被正确关闭，防止资源泄露的发生。示例代码如下：

```
try:
    file = open('example.txt'，'w')
    file.write('Some content...')
finally:
    file.close()
```

通过上述方式之一关闭文件后，操作系统会释放与该文件关联的所有系统资源，防止数据丢失或资源泄露。尤其是在多线程或多进程环境下，及时关闭文件非常重要，可避免其他线程或进程无法访问同一文件。

10.3　目　录　操　作

目录操作主要包括创建目录、判断目录是否存在、遍历目录及删除目录等。这些操作主要通过内置的 os 和 os.path 模块来实现。

10.3.1　os 和 os.path 模块

os 和 os.path 是 Python 标准库中的两个模块，它们主要用于操作系统相关的功能和文件路径操作。

1. os 模块

os 模块提供了许多与操作系统交互的函数，包括但不限于以下功能。

1) 目录和文件操作

(1) 创建、删除、重命名目录：通过 os.mkdir()、os.rmdir() 以及 os.rename() 函数实现。

(2) 列出目录内容：os.listdir() 函数用于返回指定目录下的文件和子目录列表。

(3) 更改当前工作目录：os.chdir() 函数用于切换当前工作目录路径。

(4) 查询当前工作目录：os.getcwd() 函数用于返回当前工作目录路径。

(5) 删除文件或空目录：os.remove() 或 os.unlink() 函数提供删除功能。

2) 进程管理

(1) 创建子进程：os.fork() 函数可以在 Unix 系统环境下启动子进程创建。

(2) 执行外部程序：os.system() 函数用于运行 shell 命令，os.exec*() 系列函数则用于替换当前进程以执行新的程序。

(3) 查看环境变量：os.environ 属性用于访问环境变量。

3) 权限检查和更改

(1) 检查文件权限：os.access() 函数用于测试指定路径的文件权限。

(2) 修改文件模式：os.chmod() 函数用于改变文件或目录的访问权限

2. os.path 模块

os.path 模块专注于纯粹的路径名称操作，它并不涉及实际的文件系统操作，而是提供了一系列方便实用的路径处理函数，包括但不限于以下功能。

1) 路径拆分和组合

(1) 分离目录名和文件名：os.path.dirname() 和 os.path.basename() 函数用于提取路径中的目录名部分和文件名部分。

(2) 组合路径：os.path.join() 函数用于连接目录名和文件名，形成完整路径。

(3) 获取绝对路径：os.path.abspath() 函数用于返回指定路径的绝对路径版本。

(4) 获取相对路径：os.path.relpath() 函数用于计算从一个路径到另一个路径的相对路径。

2) 路径转换

(1) 规范化路径：os.path.normpath() 和 os.path.realpath() 函数分别用于规范化路径格式和解析符号链接，获得真实的路径。

(2) 路径规范化并返回规范化的 UNC 路径 (Windows)：在 Windows 系统中，文件系统通常是不区分大小写的，这意味着访问"PATH"和"path"可能指向同一个文件。在这种情况下，os.path.normcase() 会将路径中的所有字符转换为小写，从而确保路径在比较时的一致性。

3) 路径检验

(1) 检查是否为绝对路径：os.path.isabs() 函数用于确认路径是否为绝对路径。

(2) 检查是否存在路径：os.path.exists()、os.path.isfile() 和 os.path.isdir() 函数分别用于检查路径是否真实存在、是否为存在的文件和是否为存在的目录。

(3) 检查两个路径是否指向同一个文件：os.path.samefile() 函数用于验证两个路径是否指向同一个实际文件。

4) 路径名匹配

glob 模式匹配路径名：os.path.fnmatch() 函数用于匹配单个路径名，os.path.glob() 函数用于批量匹配多个路径名。

5) 获取路径部分信息

获取扩展名：os.path.splitext() 函数用于从文件名中提取扩展名部分。

通过结合使用这两个模块，我们可以方便地在 Python 中执行各种与操作系统和文件系统相关的任务。

示例代码如下：

```python
import os
import os.path


# 使用 os 模块创建目录
os.mkdir('new_dir')


# 检查文件是否存在
if os.path.exists('example.txt'):
    print("File exists.")
else:
    print("File does not exist.")
# 使用 os.path 模块操作路径
filename = 'test/path/to/file.ext'
dir_name = os.path.dirname(filename)
base_name = os.path.basename(filename)
ext = os.path.splitext(base_name)[1]
print(f"Directory: {dir_name}")
print(f"Base name: {base_name}")
print(f"Extension: {ext}")
```

10.3.2　创建目录

创建目录是一种常见的操作，我们使用 os.mkdir() 函数来创建单个目录，或者用 os.makedirs() 函数来递归地创建多级目录。

创建单个目录的示例代码如下：

```python
import os
# 创建名为 'new_directory' 的新目录
dir_name = 'new_directory' os.mkdir(dir_name)
# 如果你想要指定绝对路径创建目录
absolute_path = '/path/to/new_directory' os.mkdir(absolute_path)
```

创建多级目录的示例代码如下：

```python
import os
# 创建多级目录 'path/to/new/directory'
multi_level_dir = 'path/to/new/directory'
os.makedirs(multi_level_dir, exist_ok=True)
# 'exist_ok=True' 参数的作用是在目录已存在时不引发异常
# 若不设置此参数，则在目录已存在时会抛出 FileExistsError 异常
```

10.3.3　判断目录是否存在

判断一个目录是否存在是进行文件系统操作时非常常见的需求。我们可以使用 os.path. isdir() 函数来判断一个目录是否存在。示例代码如下：

```
import os
# 定义要检查的目录路径
directory_path = '/path/to/directory'
# 使用 os.path.isdir() 函数判断该路径是否为存在的目录
if os.path.isdir(directory_path):
    print(f"The directory '{directory_path}' exists.")
else:
    print(f"The directory '{directory_path}' does not exist.")
# 或者你可以将结果赋值给一个变量以供后续逻辑判断使用
directory_exists = os.path.isdir(directory_path)
if directory_exists:
    # 如果目录存在，则执行相关操作 ...
else:
    # 如果目录不存在，可能需要创建目录或者给出错误提示 ...
```

os.path.isdir() 函数会返回一个布尔值，如果指定的路径是一个存在的目录，则返回 True，否则返回 False。注意，此函数不仅检查路径是否指向一个存在的实体，还会进一步确认它是否为一个目录，而不是文件或其他类型的文件系统对象。

另外，在实际编程中，通常建议对这类可能会抛出异常的操作 (如非法路径、权限问题等) 进行适当的错误处理，例如使用 try...except 语句来捕获可能出现的异常，并给予相应的反馈或处理方式。

10.3.4　遍历目录

遍历目录及其子目录中的文件和子目录是一项常见的操作。通常我们会使用 os 模块的 os.walk() 函数来实现这一功能。os.walk() 返回一个生成器，可以逐个访问目录树中的每一个路径。

接下来以一段代码为例，展示如何使用 os.walk() 遍历当前目录及其所有子目录。示例代码如下：

```
import os

# 使用 os.walk() 遍历当前目录及子目录
for root,dirs, files in os.walk('.'):
    # 'root' 是当前正在遍历的目录路径 ( 绝对路径 )
    print(f"Current directory: {root}")
```

```
# 'dirs' 是当前目录下的子目录列表 ( 不包括 '.' 和 '..')
for dir_name in dirs:
    print(f"Subdirectory found: {os.path.join(root, dir_name)}")

# 'files' 是当前目录下非目录类型的文件列表
for file_name in files:
    print(f"File found: {os.path.join(root, file_name)}")

# 你可以在循环内根据需要处理这些目录和文件信息，例如复制、移动或删除等
```

在以上代码中，os.walk('.') 用于从当前工作目录开始递归地遍历所有的子目录。对于每一个遍历到的目录 (root)，它都会返回该目录下的子目录列表 (dirs) 和文件列表 (files)。我们可以通过 os.path.join(root，item) 来获得完整的文件或子目录路径。

此外，如果只想遍历某一特定目录，而不是当前目录，只需将 '.' 替换为要遍历的目录路径即可，例如 os.walk('/path/to/directory')。

注意：os.walk() 默认采用深度优先遍历，即先遍历完一个子目录的所有内容后，再进入下一个子目录。如果想改变这种行为，可以通过其他方式对结果进行处理。

10.3.5　删除目录

删除一个目录及其所有内容 (包括子目录和文件) 是一项涉及系统操作的任务。通常可以使用 os 模块中的 os.rmdir() 函数来删除空目录，以及 shutil 模块中的 shutil.rmtree() 函数来递归地删除包含文件和 / 或子目录的非空目录。

如果想要删除的是一个确认为空的目录，可以直接使用 os.rmdir()，示例代码如下：

```
import os

# 假设有一个空目录路径
dir_path = '/path/to/empty/directory'

# 删除空目录
if not os.listdir(dir_path): # 验证目录是否为空
    os.rmdir(dir_path)
else:
    print(f"The directory {dir_path} is not empty and cannot be removed using os.rmdir().")
```

然而，如果需要删除包含文件和 / 或子目录的非空目录，则需要使用 shutil.rmtree()，示例代码如下：

```
import shutil

# 假设有一个包含文件和 / 或子目录的目录路径
```

```
non_empty_dir_path = '/path/to/non-empty/directory'

# 删除非空目录及其所有内容
try:
    shutil.rmtree(non_empty_dir_path)
except Exception as e:
    print(f"An error occurred while trying to remove the directory: {e}")
```

shutil.rmtree() 方法会递归地删除指定的目录及其所有子目录和文件，所以在执行此操作前务必确保你有权限且确实需要删除这些数据，因为一旦删除就无法恢复。在某些情况下，为了安全起见，可能还需要在删除之前向用户进行确认或者备份重要数据。

10.4　高级文件操作

10.4.1　删除文件

删除文件是高级文件操作的一个重要部分，这一功能主要通过 os 模块提供的 os.remove() 或 os.unlink() 函数来实现。这两个函数本质上是等效的，用于删除指定路径下的单个文件。

示例代码如下：

```
import os

# 定义要删除的文件的绝对或相对路径
file_path = '/path/to/your/file.txt'

# 使用 os.remove() 函数删除文件
try:
    # 尝试删除文件
    os.remove(file_path)

    print(f"The file {file_path} has been successfully deleted.")
except FileNotFoundError:
    # 如果文件不存在，则捕获 FileNotFoundError 异常并给出提示
    print(f"The file {file_path} does not exist and cannot be deleted.")
except PermissionError:
    # 如果没有足够的权限删除文件，则捕获 PermissionError 异常
    print(f"Permission denied to delete the file {file_path}. Please check your permissions.")
except Exception as e:
```

```
    # 其他未知错误，如磁盘空间不足、网络驱动器连接断开等情况
    print(f"An unexpected error occurred while trying to delete the file: {e}")
```

在上述代码中，我们首先导入了 os 模块，并定义了要删除的文件路径。接着，在 try...
except 结构中调用 os.remove() 函数尝试删除该文件。这样做的好处在于，在删除过程中遇
到任何问题 (例如文件不存在、权限不足或其他未预期的错误)，程序都可以处理这些异
常并向用户或开发者提供有关问题的具体信息。

在执行删除操作时，请务必谨慎，因为一旦文件被删除，其内容将无法恢复。因此，
在实际开发中，尤其是涉及用户数据的情况下，通常会在删除文件之前进行确认提示或者
备份操作，以防止意外的数据丢失。同时，确保当前运行环境有足够的权限来完成删除操
作也是十分必要的。

10.4.2   重命名文件和目录

重命名文件和目录可以通过 os 模块中的 os.rename() 函数来实现。此函数不仅可以用
于在同一磁盘分区内更改文件或目录的名字，还可以用于移动文件或目录到其他位置 (只
要源路径和目标路径位于同一分区)。

重命名文件的示例代码如下：

```
import os

# 定义原文件名和新文件名
old_file_name = '/path/to/old_filename.txt'
new_file_name = '/path/to/new_filename.txt'

# 使用 os.rename() 函数进行重命名
try:
    os.rename(old_file_name，new_file_name)
    print(f"The file '{old_file_name}' has been successfully renamed to '{new_file_name}'.")
except FileNotFoundError:
    print(f"The file '{old_file_name}' does not exist.")
except PermissionError:
    print(f"Permission denied. Unable to rename the file '{old_file_name}'.")
except Exception as e:
    print(f"An unexpected error occurred: {e}")
```

重命名目录的操作与重命名文件类似，示例代码如下：

```
import os

# 定义原目录名和新目录名
old_dir_name = '/path/to/old_directory'
new_dir_name = '/path/to/new_directory'
```

```
# 使用 os.rename() 函数进行重命名
try:
    os.rename(old_dir_name, new_dir_name)
    print(f"The directory '{old_dir_name}' has been successfully renamed to '{new_dir_name}'.")
except FileNotFoundError:
    print(f"The directory '{old_dir_name}' does not exist.")
except PermissionError:
    print(f"Permission denied. Unable to rename the directory '{old_dir_name}'.")
except Exception as e:
    print(f"An unexpected error occurred: {e}")
```

需要注意的是，在执行这些操作时，要确保三点：

(1) 原路径和新路径都是合法且存在的。

(2) 当前用户有足够的权限进行重命名操作。

(3) 如果新路径已经存在同名文件或目录，os.rename() 将会直接覆盖它，因此在执行之前可能需要检查并处理这种情况以避免数据丢失。

此外，对于跨不同磁盘分区或者网络驱动器的移动操作，可能需要使用其他方法 (如 shutil.move()) 来代替 os.rename()。

10.4.3　获取文件基本信息

获取文件基本信息是一个常见且重要的任务，这些信息包括文件的大小、修改时间、创建时间、权限等。

获取文件大小的示例代码如下：

```
import os

# 定义文件路径
file_path = '/path/to/your/file.txt'

# 使用 os.path.getsize() 获取文件大小 ( 以字节为单位 )
file_size = os.path.getsize(file_path)
print(f"The size of the file '{file_path}' is {file_size} bytes.")
```

获取文件最后修改时间的示例代码如下：

```
import os

# 同样使用上述定义的文件路径
file_mtime = os.path.getmtime(file_path)

# 将 Unix 时间戳转换为可读的时间格式
```

```
from datetime import datetime
modified_time = datetime.fromtimestamp(file_mtime)
print(f"The last modification time for the file '{file_path}' is: {modified_time}.")
```

检查文件权限的示例代码如下：

```
import os

# 获取文件的所有权限位
file_mode = oct(os.stat(file_path).st_mode)[-3:]  # 只取最后三位表示用户、组和其他用户的权限
print(f"The permission mode for the file '{file_path}' is {file_mode}.")
```

本 章 小 结

本章详细探讨了 Python 中对文件及目录的操作方法。本章从基础概念开始，深入阐述了文件在操作系统层面的重要性。文件作为存储数据的基本单位，是持久化信息的关键手段，使得数据能够跨越程序运行周期得以保存和恢复。在 Python 编程环境中，开发者可以通过内置的文件操作函数和模块，如 open() 函数、os 模块和 os.path 模块等，轻松实现对文件的各种操作。本章还通过示例代码演示了如何实际应用这些功能，并强调了在处理文件时遵循良好的实践习惯，如异常处理、资源回收等，为 Python 开发者提供了坚实的操作文件和目录的基础知识与技能。

本章思维导图如下：

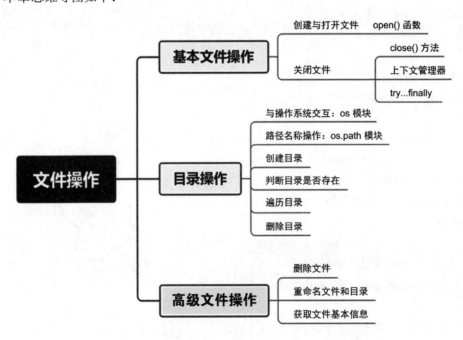

实 战 练 习

1. 文件合并：在两个磁盘文件 text1.txt 和 text2.txt 中各存放一行英文字母，要求把这两个文件中的信息合并 (按字母顺序排列)，然后输入一个新文件 text3.txt 中。

2. 文件写入：提示用户不断地输入多行内容，程序自动将该内容保存到 my.txt 文件中，直到用户输入 exit 为止。

3. 读取目录下的文件：实现一个程序，提示用户输入一个目录，程序递归读取该目录及子目录下所有能识别的文本文件，要求程序能识别出所有文件中的所有手机号码，并将这些手机号码保存到 phone.txt 文件中。

4. 路径下文件、文件夹数量统计：实现一个程序，当用户运行该程序时，提示用户输入一个路径，该程序会将该路径下的文件、文件夹数量统计出来。

第 11 章

Python 中的数据库编程

11.1 数据库编程接口

在大型项目设计中数据库的应用场合很多，各种数据库也是层出不穷。主流的数据库有 MySQL、SQLite、Oracle 等，它们的数据接口使用方式有所差异，但是实现的功能基本相同。这些接口中连接 (connection) 对象和游标 (cursor) 对象被经常使用。

11.1.1 连接对象

连接对象主要用于提供获取数据库游标对象和提交、回滚事务的方法，以及关闭数据库连接。获取连接对象的方法主要是使用 connect() 函数，该函数有多个参数，具体使用什么参数，取决于使用的数据库类型，这里不展开叙述。返回连接对象后，就可以调用 close() 方法关闭数据库，调用 commit() 方法提交事务，调用 rollback() 方法回滚事务等，不同的数据库略有差异。

11.1.2 游标对象

游标对象代表数据库中的游标，用于指示抓取数据操作的上下文，主要提供执行 SQL 语句、调用存储过程、获取查询结果等的方法。

根据连接对象和游标对象提供的方法，利用 Python 操作数据库的常用流程如图 11-1 所示。

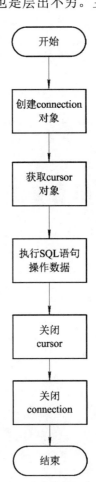

图 11-1　利用 Python 操作数据库的常用流程

11.2　SQLite 数据库

11.2.1　SQLite 数据库简介

SQLite 是一个开源的轻量级嵌入式数据库，其核心特点是将整个数据库系统封装为一个单独的磁盘文件，具备卓越的处理速度和极低的资源占用。SQLite 摒弃了传统数据库所需的服务器组件，实现了无须配置即可使用的便捷性。

在 Python 的标准库中，SQLite 得到了原生支持，具体体现为内置的 sqlite3 模块。该模块由 Gerhard Haring 开发，严格遵循了 Python 数据库 API 规范 2.0(DB-API 2.0)，确保了与其他符合规范的数据库接口的兼容性。通过 sqlite3 模块，SQLite 数据库可以轻易地整合到各种 Python 应用程序中，成为一个独立且跨平台的数据存储解决方案，广泛应用在各类桌面应用、移动应用以及 Web 应用的开发中。

11.2.2　创建数据库文件

使用 SQLite 创建一个数据库，名字为 test.db，在数据库中创建一个数据表，表中包含学号和名字两个字段。示例代码如下：

```python
import sqlite3
# 连接数据库 ( 若不存在，会自动创建 )
test = sqlite3.connect("test.db")


# 创建一个 cursor
cursor = test.cursor()


# 执行 SQL 语句，创建数据表
cursor.execute('create table test (id int(20) primary key, name varchar(30))')


# 关闭游标
cursor.close()
# 关闭连接
test.close()
```

11.2.3　操作 SQLite 数据库

1. 新增数据

SQLite 中，可以使用 SQL 语句向数据表新增数据，其语法如下：

insert into 表名 (字段名 1，字段名 2，字段名 3，...) values(字段值 1，字段值 2，字段值 3，...)

参数说明：

(1) insert into：SQL 的关键词，指示数据库执行插入操作，即将新的数据行添加到指定的表中。

(2) 表名：在该关键词之后需指定要插入数据行的数据表的名称。

(3) 字段名 1，字段名 2，字段名 3，...：插入操作中涉及的表中的列名，括号内的列名是要插入数据的字段列表。括号内的列名是可选的，如果不指定，则默认插入所有列，且列值的顺序必须与表中列的顺序一致。

(4) values：SQL 的关键词，紧随其后的是要插入的各字段的具体值。

(5) 字段值 1，字段值 2，字段值 3，...：与前面字段名一一对应的值，它们将被插入指定的列中。每个值必须与相应的字段数据类型相符,且值的数量必须与字段名的数量相匹配。

接下来以一段代码为例，演示如何为数据库新增数据。在数据表中，创建了两个字段，分别为学号和姓名，现在为这两个字段增加三条数据，示例代码如下：

```python
import sqlite3
# 连接数据库 ( 若不存在，会自动创建 )
test = sqlite3.connect("test.db")

# 创建一个 cursor
cursor = test.cursor()

# 执行 SQL 语句，新增数据
cursor.execute("insert into test(id, name) values('2030201', ' 张三 ')")
cursor.execute("insert into test(id, name) values('2030202', ' 李四 ')")
cursor.execute("insert into test(id, name) values('2030203', ' 吴二 ')")


# 关闭游标
cursor.close()
# 提交事务
test.commit()
# 关闭连接
test.close()
```

注意：若成功插入，则再次插入时会出现错误信息："sqlite3.IntegrityError: UNIQUE constraint failed: test.id"。

2. 查询数据

SQLite 中，可以使用 SQL 语句查询数据表中的数据，其语法如下：

select 字段名，字段名 2，字段名 3，... from 表名 where 查询条件查询数据的方式有以下几种：

(1) fetchone()：查询一条数据，返回一个元组。

(2) fetchmany(size)：查询指定条数的数据，默认为 1，返回一个列表，列表中包含元组。

(3) fetchall()：查询所有数据，返回一个列表，列表中包含若干个元组。

分别使用以上三种方式查询 test 数据表中的信息，示例代码如下：

```
import sqlite3
# 连接数据库 ( 若不存在，会自动创建 )
test = sqlite3.connect("test.db")


# 创建一个 cursor
cursor = test.cursor()


# 执行 SQL 语句，查询数据
cursor.execute("select * from test where id == 2030201")
result = cursor.fetchone()  # 查询一条数据
result1 = cursor.fetchmany(2)
result2 = cursor.fetchall()
print(result)
print(result1)
print(result2)


# 关闭游标
cursor.close()
# 关闭连接
test.close()
```

3. 修改数据

修改数据表中数据的 SQL 语法如下：

```
update 表名 set 字段名 = 字段值 where 查询条件
```

将上述数据表中学号 id 为"2030201"的数据的 name 值"张三"修改为"小红"，并输出数据表中所有内容。示例代码如下：

```
import sqlite3
# 连接数据库 ( 若不存在，会自动创建 )
test = sqlite3.connect("test.db")


# 创建一个 cursor
cursor = test.cursor()
```

```
# 执行 SQL 语句，修改数据
cursor.execute("update test set name = ' 小红 ' where id == 2030201")

cursor.execute("select * from test")
result2 = cursor.fetchall()
print(result2)

# 关闭游标
cursor.close()
# 提交事务
test.commit()
# 关闭连接
test.close()
```

4. 删除数据

删除数据表中数据的 SQL 语法如下：

```
delete from 表名 where 查询条件
```

将上述数据表中 id 为"2030203"的数据删除，并查看所有数据，示例代码如下：

```
import sqlite3
# 连接数据库 ( 若不存在，会自动创建 )
test = sqlite3.connect("test.db")

# 创建一个 cursor
cursor = test.cursor()

# 执行 SQL 语句，删除数据
cursor.execute("delete from test where id == 2030203")

cursor.execute("select * from test")
result2 = cursor.fetchall()
print(result2)

# 关闭游标
cursor.close()
# 提交事务
test.commit()
# 关闭连接
test.close()
```

11.3　MySQL 数据库

轻量级的 **SQLite** 能满足基本的开发需求，但目前最受开发者喜爱的是一款开源的数据库软件 **MySQL**，它也是被使用较多的数据库之一。

11.3.1　下载并安装 MySQL

进入 MySQL 官网，找到自己所需的安装包，下载界面如图 11-2 所示。

图 11-2　下载离线安装包

鼠标单击"Download"，进入下载页面。安装的时候可先跳过注册步骤，直接进行下载。单击最下方的"No thanks，just start my download."即可跳过注册步骤，如图 11-3 所示。

图 11-3　跳过注册步骤

下载完成后，开始安装 MySQL 数据库。安装过程非常简单，在安装界面中选择同意安装后，单击"Next"即可进入安装界面。注意在如图 11-4 所示的安装界面中选择"Server only"，表示仅安装 MySQL 服务器，其他选项默认，随后选择"Next"直到安装完成。

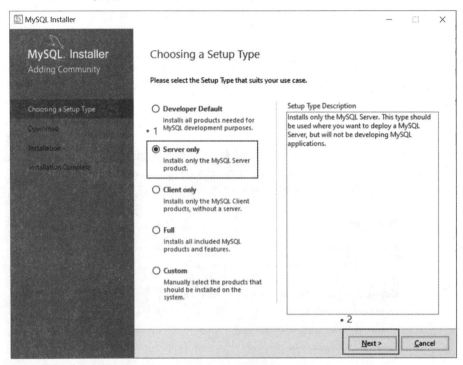

图 11-4　安装界面

安装完成后，右击"计算机"，选择"属性"，打开控制面板，选择"高级系统设置"，选择"环境变量"，然后选择"Path"，将 MySQL 的 bin 路径"C:\Program Files\MySQL\MySQL Server 5.7\bin"添加到环境变量中即可。

最后启动 MySQL 数据库，测试其是否安装成功。可先通过快捷键"Win + R"启动对话框，然后输入"cmd"进入命令行，接着在命令行中输入"net start mysql"，启动成功的界面如图 11-5 所示。

图 11-5　启动成功的界面

11.3.2　数据库管理软件

数据库管理软件旨在提供一种高效且直观的界面，使得用户即使不具备深厚的 SQL 语言功底，也能轻松实现对数据库的全面管理和操控。以 MySQL 数据库为例，Navicat for MySQL 就能够帮助用户高效地进行日常的数据库管理工作。这款软件专为 MySQL 数据库设计，集成了丰富的数据库管理与开发功能。

在下载并获取 Navicat for MySQL 的安装包后，用户只需遵循安装向导的提示，连续单击"下一步"按钮即可顺利完成安装流程。安装结束后，软件会提供一段试用期，在试用期内，用户可无偿体验全部功能，通常试用期为 14 天 (见图 11-6)。借此机会，用户可以深入了解并充分利用这款工具的各项优势，以便在实际工作中更为便捷地进行 MySQL 数据库的管理与开发作业。

图 11-6　试用提醒界面

在使用管理软件管理数据库之初，首要步骤是建立与 MySQL 数据库的全新连接。参照如图 11-7 所示的界面指引，用户应在软件中选择与 MySQL 数据库适配的连接选项，从而开始初始化连接设置的过程。通过这一环节，软件将建立起与目标 MySQL 服务器的有效通信链路，以便后续进行数据库的访问、操作与维护等工作。

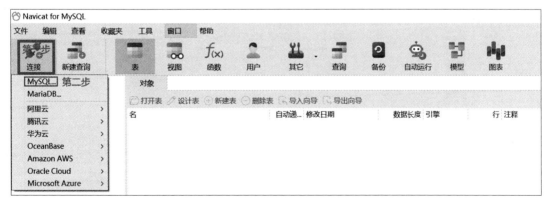

图 11-7　建立与 MySQL 数据库的连接

进入如图 11-8 所示的界面后，输入连接名和安装数据库时创建的密码，其他选项默认。然后单击测试连接，测试成功后单击确定即可。

图 11-8　连接已有数据库

在接下来的操作中，我们将通过 Navicat for MySQL 数据库管理工具来创建一个名为 "student" 的数据库。具体步骤如下：

首先，请在 Navicat for MySQL 主界面中定位至 "test" 连接节点，通过鼠标右键点击该连接名 (参考如图 11-9 所示的界面)，随后在弹出的菜单中选择 "新建数据库…" 的选项。接下来，在弹出的 "新建数据库" 界面 (如图 11-10 所示) 中，依照界面提示，正确并完整地填写与 "student" 数据库相关的各项配置信息。在核实所有信息无误后，单击确定。这样，系统便会根据所填信息成功创建名为 "student" 的数据库。

图 11-9　创建数据库

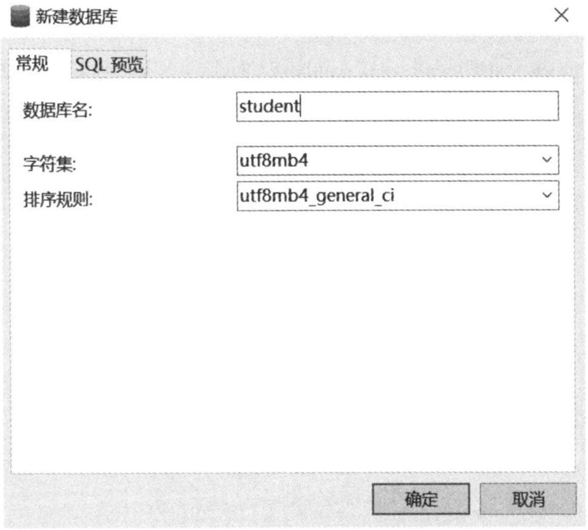

图 11-10　填写数据库信息

11.3.3　安装 PyMySQL

至此，我们已经成功启用了 MySQL 服务器，并确保其已准备好通过网络为外部提供服务。鉴于本书接下来的实践内容涉及利用 Python 语言对数据库进行操作，故有必要安装 PyMySQL 这一第三方 Python 模块，以实现与 MySQL 服务器的连接与交互。

PyMySQL 作为非 Python 标准库的一部分，须先进行安装方可投入使用。其安装过程相当简便，只需借助 Python 自带的包管理工具 pip 即可完成。具体的安装指令如下：

```
pip install PyMySQL
```

安装成功的界面如图 11-11 所示。

图 11-11　PyMySQL 安装成功的界面

11.3.4　连接数据库

在 11.3.2 节，已成功创建了一个名为"test"的数据库连接实例，并且在该连接下建立了名为"student"的数据库。为进一步实现对"student"数据库的操作，我们现在将使用 PyMySQL 库在 Python 环境中建立与该数据库的连接。以下为实现这一目标的具体代码示例：

```
import pymysql

# 打开数据库连接
```

```
# 主要参数：主机名、数据库名称、用户名、密码
connet = pymysql.connect(host="localhost"，database="student"，user="root"，password="123456")


# 创建游标对象
cursor = connet.cursor()


# 执行 SQL 查询
cursor.execute("select VERSION()")


data = cursor.fetchone()


print(" 数据库版本号：{0}".format(data))


# 关闭数据库连接
connet.close()
```

运行结果如下：

```
" 数据库版本号：('8.0.32'，)"
```

11.3.5　创建数据表

在成功建立起与数据库的连接之后，我们可以着手进行数据表的创建操作。接下来，我们将通过 PyMySQL 库所提供的功能，在已连接的 student 数据库中创建一个名为"info"的信息表。此信息表用于存储学生的相关数据，具体包含三个字段：id(学号)、name(姓名)以及 sex(性别)。以下是实现这一目标的具体代码示例：

```
import pymysql


# 打开数据库连接
# 主要参数：主机名、数据库名称、用户名、密码
connet = pymysql.connect(host="localhost"，database="student"，user="root"，password="123456")


# 创建游标对象
cursor = connet.cursor()


# 执行 SQL 语句，创建数据表
sql = """
create table info (
    id int(10) NOT NULL AUTO_INCREMENT，
    name varchar(30) NOT NULL，
```

```
    sex varchar(10) NOT NULL，
    PRIMARY KEY (id)
) ENGINE=MyISAM AUTO_INCREMENT=1 DEFAULT CHARSET=utf8;
"""

cursor.execute(sql)


# 关闭数据库连接
connet.close()
```

代码执行完成后，在 Navicat for MySQL 管理软件中选择 "查看" → "刷新"，即可查看到已经创建的三个字段 (id、name 和 sex)。

11.3.6　操作 MySQL 数据表

MySQL 数据表的操作主要包括数据的添加、查询、修改或更新及删除，下面通过具体的案例演示这些操作。

1. 添加数据

向 MySQL 数据表中插入数据时通常使用 INSERT INTO SQL 语句，语法格式如下：

```
INSERT INTO table_name ( field1，field2，...fieldN )
                        VALUES
                        ( value1，value2，...valueN );
```

为 info 信息表中的 id、name 和 sex 字段添加一条信息，示例代码如下：

```
import pymysql


# 打开数据库连接
# 主要参数：主机名、数据库名称、用户名、密码
connet = pymysql.connect(host="localhost"，database="student"，user="root"，password="123456")


# 创建游标对象
cursor = connet.cursor()


# 执行 SQL 语句，添加 1 条数据
value = "2030201，' 张三 '，' 男 '"
sql = f"insert into info values ({value});"
# 执行 SQL 语句
cursor.execute(sql)
# 执行完要提交
connet.commit()
```

```
# 关闭数据库连接
connet.close()
```

注意：不要重复添加，添加完成后，在 Navicat for MySQL 中刷新数据（若未出现，则重新进入 Navicat for MySQL 中），即可查看到结果（见图 11-12）。

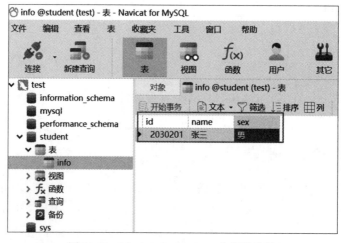

图 11-12　Navicat for MySQL 中查看结果

为 info 信息表添加多条数据，示例代码如下：

```
import pymysql


# 打开数据库连接
# 主要参数：主机名、数据库名称、用户名、密码
connet = pymysql.connect(host="localhost", database="student", user="root", password="123456")


try:
    with connet.cursor() as cursor:

        # 执行 SQL 语句，添加多条数据
        value = "(2030202，'张三'，'男')，(2030203，'李四'，'男')，(2030204，'王五'，'男')"
        sql = f"insert into info values {value};"
        # 执行 SQL 语句
        cursor.execute(sql)
        # 执行完要提交
        connet.commit()
        print(" 提交成功 ")
except Exception as e:
    # 如果失败，回滚到提交的位置
    connet.rollback()
```

```
        print(" 数据库操作异常：\n", e)
finally:
    # 关闭数据库连接
    connet.close()
```

注意：本例中为了防止关闭 cursor 游标，采用了 with，还引入了异常处理，当提交失败时，采用回滚方法回滚到提交的位置。

2. 查询数据

同 SQLite 一样，查询方式主要有三种，分别如下：

(1) fetchall：获取当前 SQL 语句能查出来的全部数据。

(2) fetchone：每次获取一条数据，但是获取到这条数据后，指针会移向被查询的这条数据的下一行数据。

(3) fetchmany(size)：查询任意多条数据，默认为 1。

下面测试这三种查询数据的方式，示例代码如下：

```
import pymysql

# 打开数据库连接
# 主要参数：主机名、数据库名称、用户名、密码
connet = pymysql.connect(host="localhost", database="student", user="root", password="123456")

try:
    with connet.cursor() as cursor:

        # 执行 SQL 语句，查询数据
        sql = f"select * from info ;"
        # 执行 SQL 语句
        cursor.execute(sql)

##          data = cursor.fetchall()    # 查询所有数据
##          data = cursor.fetchone()    # 查询一条数据
        data = cursor.fetchmany(2)    # 查询两条数据
        print(data)
except Exception as e:
    # 如果失败，回滚到提交的位置
    connet.rollback()
    print(" 数据库操作异常：\n", e)
finally:
    # 关闭数据库连接
    connet.close()
```

3. 修改或更新数据

数据库的"修改"或"更新数据"是指在已经存在的数据库表中改变特定记录的一个或多个字段的值的过程,主要用于纠正错误信息、更新状态或随着时间推移保持数据的时效性。

将 info 表中 id 为"2030201"的 name 字段值改为"小红",示例代码如下:

```python
import pymysql

# 打开数据库连接
# 主要参数:主机名、数据库名称、用户名、密码
connet = pymysql.connect(host="localhost", database="student", user="root", password="123456")

try:
    with connet.cursor() as cursor:

        # 执行 SQL 语句,修改数据
        sql = f"update info set name=' 小红 ' where id = 2030201 ;"
        # 执行 SQL 语句
        cursor.execute(sql)
        # 执行完要提交
        connet.commit()
        print(" 修改成功 ")
except Exception as e:
    # 如果失败,回滚到提交的位置
    connet.rollback()
    print(" 数据库操作异常: \n", e)
finally:
    # 关闭数据库连接
    connet.close()
```

4. 删除数据

数据库的"删除数据"是指从数据库表中移除一个或多个特定记录的过程,用于清理不再需要或已无效的信息。

例如,把 info 表中 name 字段的字段值为"张三"的数据信息删除,示例代码如下:

```python
import pymysql

# 打开数据库连接
# 主要参数:主机名、数据库名称、用户名、密码
connet = pymysql.connect(host="localhost", database="student", user="root", password="123456")
```

```
try:
    with connet.cursor() as cursor:

        # 执行 SQL 语句，删除数据
        sql = f"delete from info where name = ' 张三 ';"
        # 执行 SQL 语句
        cursor.execute(sql)
        # 执行完要提交
        connet.commit()
        print(" 删除成功 ")
except Exception as e:
    # 如果失败，回滚到提交的位置
    connet.rollback()
    print(" 数据库操作异常：\n", e)
finally:
    # 关闭数据库连接
    connet.close()
```

在 Navicat for MySQL 管理软件中选择"查看"→"刷新"，即可查看到数据中已经没有"张三"的数据信息 (见图 11-13)。

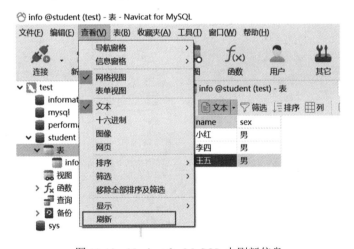

图 11-13　Navicat for MySQL 中刷新信息

本 章 小 结

本章深入探究了 Python 编程环境中数据库操作的核心内容，主要详细阐述了 SQLite 与 MySQL 这两种广泛应用的关系型数据库系统的特点、安装流程以及实际应用方法。通过对本章内容的全面学习和实践，学生不仅能理解并掌握利用 Python 进行数据库编程的基础知识，还能根据实际需求灵活选择适合的数据库技术。

本章思维导图如下：

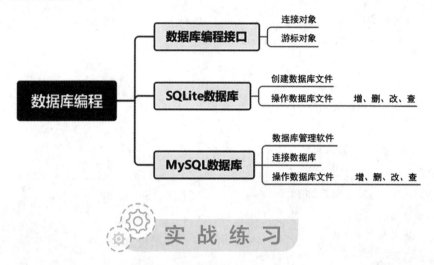

1. 实现个人记账程序，要求：用户可以录入个人每天的消费记录（至少包括消费时间、消费地点、消费用途、消费金额等），并且可以根据各种条件查看消费记录，也可以修改消费记录，但不允许删除消费记录。

2. 编写"学生管理系统"，要求：必须使用自定义函数完成对程序的模块化；学生信息至少包含姓名、年龄、学号。除此之外，可以适当添加必需的功能，如添加、删除、修改、查询、退出。

第12章

Python 的 GUI 编程

12.1 初识 GUI

12.1.1 GUI 的概念

GUI 的全称是 Graphical User Interface，其中文含义为图形用户界面。在 GUI 中，用户可以进行文本操作、窗口操作、按钮操作等图形化操作。GUI 给用户提供了更加便捷的交互方式，使输入和输出更友好。

12.1.2 常用的 GUI 框架

Python 提供了丰富的 GUI 框架，给用户开发 GUI 提供了更多的选择，每个工具包都有其特点，设计者可以根据项目需求和个人开发喜好进行选择。表 12-1 列出了主流的 GUI 框架。

表 12-1　GUI 框架及描述

框架名称	描　　述
tkinter	tkinter 是 Python 自带的用户界面工具包，又被称为 TK 接口，它是一个轻量级的跨平台的用户界面开发工具，不需要额外的安装和配置
wxPython	wxPython 是 Python 语言的 GUI 图形设计库，支持用户创建完整的、功能复杂的用户界面
Kivy	Kivy 是一个开源的工具包，支持同代码跨平台运行，对于触摸应用较友好
PyQt	PyQt 是 Qt 库的 Python 版本，支持跨平台，在很多商业或大型项目上被广泛使用
Pywin32	Pywin32 主要用于 Python 开发 win32 应用
Flexx	Flexx 是基于 Web 技术的 Python UI

12.2　tkinter 框架的使用

12.2.1　tkinter 编程概述

Python 的标准库 tkinter 旨在为 Python 开发者提供一个功能强大且具备跨平台兼容性的图形用户界面编程接口。值得一提的是，Python 自带的集成开发环境 IDLE 是运用 tkinter 构建而成的，生动展现了其在 GUI 开发方面的实用性。此外，tkinter 库还为广大开发者准备了丰富的图形用户界面组件库，涵盖了按钮、标签、文本框、列表框等各种常用 UI 元素，极大地简化了 GUI 应用程序的开发过程。

12.2.2　tkinter 的布局

在 Python 的 tkinter 编程框架中，布局管理是设计用户界面 (UI) 的关键组成部分。tkinter 提供了三种主要的布局管理方法，分别是 pack()、grid() 和 place()，它们分别采用了不同的策略来安排 GUI 组件 (如按钮、标签、文本框等) 在窗口中的位置与大小。

1. 使用 pack() 方法的布局

使用 pack() 方法的布局较简单，又被称为块布局，它会将组件沿着水平或垂直方向从左到右或从上到下排列，并且根据需要自动调整组件大小以填满可用空间。

pack() 方法的参数如图 12-1 所示。

```
(variable) pack: (cnf: Mapping[str, Any] | None = ..., *, after: Misc = ..., anchor: _Anchor = ..., before: Misc = ..., expand: int = ..., fill: Literal['none', 'x', 'y', 'both'] = ...,
side: Literal['left', 'right', 'top', 'bottom'] = ..., ipadx: _ScreenUnits = ..., ipady: _ScreenUnits = ..., padx: str | float | Tuple[_ScreenUnits, _ScreenUnits] = ..., pady: str |
float | Tuple[_ScreenUnits, _ScreenUnits] = ..., in_: Misc = ..., **kw: Any) -> None
```

图 12-1　pack() 方法的参数

具体的参数含义参见表 12-2。

表 12-2　pack() 方法的参数的含义

参　数	描　　述
after	在指定的组件之后添加当前组件 (需要提供之后组件的引用)
anchor	组件在分配空间内的对齐方式，可选值有 'e'、's'、'w'、'n'、'sw'、'se'、'nw'、'ne'、'center'，默认值为 'center'
before	在指定的组件之前添加当前组件 (需要提供之前组件的引用)
expand	布局时是否扩展以填充额外空间，默认为 False。若为 True，则在父容器变大时组件也随之扩大
fill	用于拉伸组件，可选项有 'none'(默认值，没有拉伸)、'x'(横向拉伸)、'y'(纵向拉伸) 和 'both'(双向拉伸)。 注：相关选项也可写为大写，如 X 或 Y，此时不是字符串

续表

参　数	描　　述
side	指定将组件放置在父组件的哪一边，可选项有 'left'(左)、'right'(右)、'top'(上) 和 'bottom'(下)，默认为 'top'. 注：相关选项也可写为大写，如 LEFT，此时不是字符串
ipadx	组件内部水平方向的填充像素数，即增加组件内容区的宽度
ipady	组件内部垂直方向的填充像素数，即增加组件内容区的高度
padx	组件外部水平方向的填充像素数
pady	组件外部垂直方向的填充像素数
in_	指定组件用于哪一个父组件，默认为当前父组件

2. 使用 grid() 方法的布局

使用 grid() 方法的布局被称为网格布局，它按照二维表格的形式，将容器划分为若干行和列，组件的位置由行列所在位置确定。

grid() 方法的参数如图 12-2 所示。

```
(variable) grid: (cnf: Mapping[str, Any] | None = ..., *, column: int = ..., columnspan: int = ..., row: int = ..., rowspan: int = ..., ipadx: _ScreenUnits = ..., ipady:
_ScreenUnits = ..., padx: _ScreenUnits | tuple[_ScreenUnits, _ScreenUnits] = ..., pady: _ScreenUnits | tuple[_ScreenUnits, _ScreenUnits] = ..., sticky: str = ..., in_: Misc
```

图 12-2　grid() 方法的参数

具体的参数含义见表 12-3。

表 12-3　grid() 方法的参数的含义

参　数	描　　述
column	指定组件所在的列数
columnspan	组件跨越的列数，默认值为 1，若大于 1，则组件会扩展到多列
row	指定组件所在的行数
rowspan	组件跨越的行数，默认值为 1，若大于 1，则组件会扩展到多行
ipadx	组件内部水平方向的填充像素数，即增加组件内容区的宽度
ipady	组件内部垂直方向的填充像素数，即增加组件内容区的高度
padx	组件外部水平方向的填充像素数
pady	组件外部垂直方向的填充像素数
sticky	控制组件在单元格内的对齐方式，可组合使用，可选参数有 'n'、'w'、's' 和 'e'(或 N、W、S 和 E)
in_	指定组件用于哪一个父组件，默认为当前父组件

3. 使用 place() 方法的布局

place() 方法允许开发者直接指定组件相对于其父容器或其他组件的具体坐标位置及尺寸。其优点是十分精确，且能够轻松胜任复杂的图形化界面。但是其缺点也很明显，当窗口放大或缩小时，place() 方法管理的组件并不能随之改变大小及位置。

place() 方法的参数如图 12-3 所示。

```
(variable) place: (cnf: Mapping[str, Any] | None = ..., *, anchor: _Anchor = ..., bordermode: Literal['inside', 'outside', 'ignore'] = ..., width: _ScreenUnits = ..., height:
_ScreenUnits = ..., x: _ScreenUnits = ..., y: _ScreenUnits = ..., relheight: str | float = ..., relwidth: str | float = ..., relx: str | float = ..., rely: str | float = ..., in_: Misc = ...,
**kw: Any) -> None
```

图 12-3　place() 方法的参数

具体的参数含义见表 12-4。

表 12-4　place() 方法的参数的含义

参　数	描　　述
anchor	改变 place 布局组件的基准点，默认值为 'nw'(左上角)。 注：修改后其 x 参数和 y 参数的基准点随之改变
bordermode	可选参数有 'inside'、'outside' 和 'ignore'，默认值为 'inside'
width	设定组件的宽度 (单位：像素)
height	设定组件的高度 (单位：像素)
x	设定组件基准点 (左上角) 的横坐标位置 (单位：像素)
y	设定组件基准点 (左上角) 的纵坐标位置 (单位：像素)
relheight	设置组件高度，参数为 0~1.0，意为高度占父组件高度的比例。 若父组件高度为 100，relheight = 0.5，则该组件高度为 100 × 0.5 = 50(像素)。 注：与参数 height 冲突，两者会叠加
relwidth	设置组件宽度，参数为 0~1.0，意为宽度占父组件宽度的比例。 若父组件宽度为 100，relwidth = 0.5，则该组件宽度为 100 × 0.5 = 50(像素)。 注：与参数 width 冲突，两者会叠加
relx	设置组件基准点 (左上角) 的横坐标位置，参数为 0~1.0，意为横坐标占父组件宽度的比例。 若父组件宽度为 100，relx = 0.5，则该组件基准点的横坐标为 100 × 0.5 = 50(像素)。 注：与参数 x 冲突，两者会叠加
rely	设置组件基准点 (左上角) 的纵坐标位置，参数为 0~1.0，意为纵坐标占父组件高度的比例。 若父组件高度为 100，rely = 0.5，则该组件基准点的纵坐标为 100 × 0.5 = 50(像素)。 注：与参数 y 冲突，两者会叠加
in_	指定组件用于哪一个父组件，默认为当前父组件

12.2.3　常用的 tkinter 组件

tkinter 提供的组件很多，本章选择常用组件中的几个进行介绍 (其他组件的用法可以参考官方 API)，如表 12-5 所示。

表 12-5　常用 tkinter 组件的名称及描述

组件名称	描　述
Button	按钮
Canvas	画布，用于绘制直线、椭圆、多边形等各种图形
Checkbutton	复选框形式的按钮
Entry	单行文本框
Frame	框架，可作为其他组件的容器，常用来对组件进行分组
Label	标签，常用来显示单行文本
Listbox	列表框
Menu	菜单
Message	多行文本框
Radiobutton	单选按钮，任何时刻同一组单选按钮中只能有一个处于选中状态
Scrollbar	滚动条
Toplevel	常用来创建新的窗口

为了更好地说明部分组件的功能，可通过一个实例来模拟一个登录界面。首先，需要通过代码创建一个基础窗口结构。示例代码如下：

```python
# 在代码里面导入库，起一个别名，以后代码里面就用这个别名
import tkinter as tk
# 这个库里面有 Tk() 这个方法，这个方法的作用就是创建一个窗口
root = tk.Tk()
root.title(' 演示窗口 ')                # 给窗口设置名字
# 给窗口设置宽度、高度以及窗口在屏幕的位置
root.geometry("300x200+50+50")         # ( 宽度 × 高度 )+(x 轴 + y 轴 )
root.mainloop() # 调用主循环
```

运行结果如图 12-4 所示。

图 12-4　创建 GUI 窗口

然后创建包含两个按钮的登录界面，代码如下：

```python
import tkinter as tk
root = tk.Tk()
root.title(" 登录界面 ")
root.geometry("300x200+50+50")
```

```python
# 文本显示
Label_user = tk.Label(root，text=" 用户名 :")
Label_user.place(relx=0.1，x=0，y=10)
Label_pwd = tk.Label(root，text=" 密　码 :")
Label_pwd.place(relx=0.1，x=0，y=60)


# 文本输入框
Entry_user = tk.Entry(root)
Entry_user.place(relx=0.1，x=60，y=10，relwidth=0.5，relheight=0.2)
Entry_user = tk.Entry(root)
Entry_user['show']='*' # 密码输入框以 "*" 替代
Entry_user.place(relx=0.1，x=60，y=50，relwidth=0.5，relheight=0.2)


# 创建的 "确定" 按钮放到这个窗口上面
confirm = tk.Button(root)
# 给按钮取个名字
confirm["text"] = " 确定 "
# place 布局管理器
confirm.place(relx=0.1，x=0，y=120，relwidth=0.3，relheight=0.2)


# 创建的 "取消" 按钮放到这个窗口上面
confirm = tk.Button(root)
# 给按钮取个名字
confirm["text"] = " 取消 "
# place 布局管理器
confirm.place(relx=0.2，x=120，y=120，relwidth=0.3，relheight=0.2)


root.mainloop() # 调用主循环
```

运行结果如图 12-5 所示。

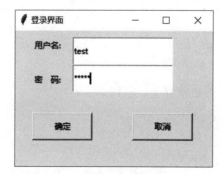

图 12-5　登录界面

12.2.4　事件处理

在设计完图形用户界面之后，当用户在界面上输入用户名和密码，并单击"确定"按钮时，系统应当执行一项检测功能，核实用户输入的信息是否准确无误，并依据校验结果给予相应的提示信息。与此同时，若用户选择单击"取消"按钮，则应清除已输入的所有内容。为了实现这些交互功能，需要借助于 tkinter 库中的按钮 (Button) 组件，并通过为该组件绑定相应的事件处理函数来达成目的。示例代码如下：

```python
import tkinter as tk


class tkinter_GUI():
    def __init__(self):
        self.root = tk.Tk()
        self.root.title(" 登录界面 ")
        self.root.geometry("300x200+50+50")


        # 文本显示
        self.Label_user = tk.Label(self.root, text=" 用户名 :")
        self.Label_user.place(relx=0.1, x=0, y=10)
        self.Label_pwd = tk.Label(self.root, text=" 密　码 :")
        self.Label_pwd.place(relx=0.1, x=0, y=60)
        # 文本输入框
        # 通过关联变量来读取或修改文本框内的文本
        self.varUser = tk.StringVar(self.root, value="")
        self.Entry_user = tk.Entry(self.root, textvariable=self.varUser)
        self.Entry_user.place(relx=0.1, x=60, y=10, relwidth=0.5,
relheight=0.2)
        self.varPwd = tk.StringVar(self.root, value="")
        self.Entry_pwd = tk.Entry(self.root, show="*",
        textvariable=self.varPwd) # 密码输入框以 "*" 替代
        self.Entry_pwd.place(relx=0.1, x=60, y=50, relwidth=0.5, relheight=0.2)


        # 创建的 "确定" 按钮放到这个窗口上面
        self.confirm = tk.Button(self.root, text=' 确定 ', command=self.confirm_event)
        # place 布局管理器
        self.confirm.place(relx=0.1, x=0, y=120, relwidth=0.3, relheight=0.2)


        # 创建的 "取消" 按钮放到这个窗口上面
        self.cancel = tk.Button(self.root, text=' 取消 ', command=self.cancel_event)
```

```
            # place 布局管理器
            self.cancel.place(relx=0.2，x=120，y=120，relwidth=0.3，relheight=0.2)


        def confirm_event(self):
            """ 按钮事件 """
            print(" 登录 ")
            # 获取用户名和密码
            user = self.varUser.get()
            pwd = self.varPwd.get()
            if user == "" or pwd == "":
                message = " 用户名或密码不能为空 "
            elif user == "test" and pwd == "123":
                message = " 登录成功 "
            else:
                message = " 用户名和密码不匹配 "
            # 用消息提示框实现登录是否成功提示
            import tkinter.messagebox as msgbox
            msgbox.showinfo(' 温馨提示 '，message)


        def cancel_event(self):
            """ 按钮事件 """
            print(" 取消 ")
            # 清空用户名和密码
            self.varUser.set("")
            self.varPwd.set("")


if __name__ =="main":
    app = tkinter_GUI() # 实例化类
    app.root.mainloop() # 调用主循环
```

登录成功的界面和登录失败的界面分别如图 12-6 和图 12-7 所示。

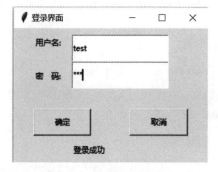

图 12-6　登录成功的界面　　　　　　　　　　图 12-7　登录失败的界面

12.3 wxPython 框架的使用

12.3.1 安装 wxPython

wxPython 是由 Robin Dunn 和 Harri Pasanen 联手打造的一款强大而灵活的跨平台 GUI 开发工具包，它极大地简化了在多种操作系统上构建桌面应用界面的过程。安装 wxPython 与管理其他第三方 Python 库一样便捷，主要依赖于 Python 标准包管理工具 pip 进行安装操作，参见图 12-8。不过需要注意的是，当前最新的 Python 版本可能尚不支持直接安装 wxPython，请务必查阅最新的官方文档以获取关于兼容性和安装指导的最新信息。

```
Microsoft Windows [版本 10.0.19044.2486]
(c) Microsoft Corporation。保留所有权利。

D:\Develop_soft\Python3.8.10\installer\Scripts>pip install -U wxPython
Looking in indexes: http://mirrors.aliyun.com/pypi/simple/
Collecting wxPython
  Downloading http://mirrors.aliyun.com/pypi/packages/10/1c/26ed299dbd8f81b46a76945a93223259194732796fb4979af7bd85cb7eb6
/wxPython-4.2.0-cp38-cp38-win_amd64.whl (18.0 MB)
                                        ———— 18.0/18.0 MB 1.9 MB/s eta 0:00:00
Requirement already satisfied: numpy in d:\develop_soft\python3.8.10\installer\lib\site-packages (from wxPython) (1.21.4
)
Requirement already satisfied: pillow in d:\develop_soft\python3.8.10\installer\lib\site-packages (from wxPython) (9.1.1
)
Requirement already satisfied: six in d:\develop_soft\python3.8.10\installer\lib\site-packages (from wxPython) (1.16.0)
Installing collected packages: wxPython
Successfully installed wxPython-4.2.0
```

图 12-8　安装 wxPython 的界面

12.3.2　wxPython 的操作

1. 创建应用程序

创建和使用一个 wx.APP 子类，主要包括 4 个步骤：首先定义子类，然后在子类中定义 OnInit() 初始化方法，紧接着创建 APP 类的实例，最后调用 MainLoop() 主循环方法。

示例代码如下：

```
import wx  # 导入 wxPython 库
class APP(wx.App):
    # 初始化方法
    def OnInit(self):
        # 创建窗口
        frame = wx.Frame(parent=None，title='Hello WXPython')
        # 显示窗口
```

```
        frame.Show()
        return True


if __name__ == '__main__':
    # 创建 APP 类的实例
    app = APP()
    # 调用主循环方法
    app.MainLoop()
```

上述代码运行后得到没有任何功能的子类，运行结果如图 12-9 所示。

图 12-9　没有任何功能的 GUI 界面

在 wxPython 编程框架中，wx.Frame 类扮演着至关重要的角色，它代表了一个基础的、可移动及可调整尺寸的顶级窗口实体。用户不仅能够自由地在屏幕上拖曳此类窗口，还能根据需要对其进行缩放操作。标准的 wx.Frame 实例通常包含了诸如标题栏、菜单栏以及可通过设置尺寸属性来自定义大小的窗口区域等核心元素。

在 wxPython 的层次结构中，wx.Frame 是构成应用程序窗口界面的基本单元，作为所有其他窗口组件的容器或父类存在。在实际开发过程中，为了定制具有特定功能的窗口，开发者常常会选择派生出 wx.Frame 的子类，并在子类定义中调用 wx.Frame 的构造函数，即通过 wx.Frame.__init__() 方法来进行初始化。

wx.Frame 构造函数的标准调用方式如下：

wx.Frame(parent, id=-1, title="", pos=wx.DefaultPosition, size=wx.DefaultSize, style=wx.DEFAULT_FRAME_STYLE, name="frame")

其中的参数含义如下：

(1) parent：窗口的父窗口，如果是顶级窗口，则其值为 None。

(2) id：窗口的 ID 号，-1 表示自动生成 ID。

(3) title：窗口的标题。

(4) pos：窗口的左上角在屏幕中的位置，(0, 0) 表示在显示器的左上角，默认值 (−1, −1) 表示系统决定窗口位置。

(5) size：指定这个窗口的初始尺寸，默认值 (−1，−1) 表示系统决定窗口的初始尺寸。

(6) style：指定窗口类型的常量。

(7) name：框架内在的名字，可以用于寻找该窗口。

下面的代码片段展示了一个如何创建 wx.Frame 子类的具体实例。

```
import wx   # 导入 wxPython 库


class MyFrame(wx.Frame):
    def __init__(self, parent, id):
        wx.Frame.__init__(self, parent, id, title='创建 Frame 类', pos=(50, 50), size=(300, 300))


if __name__=="__main__":
    app = wx.App()  # 初始化应用
    frame = MyFrame(parent=None, id=-1)
    frame.Show()
    app.MainLoop()
```

2. 常用组件的使用方法

窗口创建完成后，就可以开始在窗口中添加一些组件。经常使用的组件包括文本类、按钮类、输入框类和选项框类等，下面介绍部分组件的使用方法。

1) StaticText 文本类

在屏幕上显示文本是用户的基本需求。在 wxPython 中，可以使用 StaticText 类显示静态文本，其语法格式如下：

```
wx.StaticText(parent, id, label, pos=wx.DefaultPosition, size=wx.DefaultSize, style=0, name="staticText")
```

其中的参数含义如下：

(1) parent：父窗口部件。

(2) id：标识符，-1 表示可以自动创建一个唯一的标识。

(3) label：显示在静态组件中的文本内容。

(4) pos：窗口部件在屏幕中的位置，(0, 0) 表示在屏幕的左上角，默认值为 (-1, -1)，表示由系统来决定最适合的窗口位置。

(5) size：窗口初始的尺寸，默认值为 (-1, -1)，表示由系统来决定窗口的初始尺寸。

(6) style：样式标记。

(7) name：对象的名字。

使用 StaticText 类来完成第一句文本的显示，示例代码如下：

```
import wx
class MyFrame(wx.Frame):
    def __init__(self, parent, id):
        wx.Frame.__init__(self, parent, id, title='创建 staticText 类', pos=(50, 50), size=(300, 200))
        # 创建画板，将组件放入窗体中
        panel = wx.Panel(self)
```

```
        static_Text = wx.StaticText(panel, label=' 这是第一个 staticText 文本 ', pos=(10, 30), name="staticText")

if __name__ == "__main__":
    app = wx.App()
    frame = MyFrame(parent=None, id=-1)
    frame.Show()
    app.MainLoop()
```

运行结果如图 12-10 所示。

图 12-10　增加了文本的 GUI 界面

2) TextCtrl 文本类

wx.StaticText 能够实现纯文本的显示，但有的时候需要输入文本内容，这时就需要用其他组件。wxPython 还提供了 wx.TextCtrl 类，它允许输入单行文本和多行文本，也可以输入密码，但是需要隐藏输入信息。其语法格式如下：

```
wx.TextCtrl(parent, id, value = "", pos=wx.DefaultPosition, size=wx.DefaultSize, style=0, validator=
wx.Defaultvalidator name=wx.TextCtrlNameStr)
```

其中的参数含义如下：

(1) value：显示该组件中的初始文本。

(2) validator：常用于过滤数据，以确保只能输入符合过滤条件的数据。

(3) style：单行 wx.TextCtrl 的样式。

style 的取值及对应含义如下：

① wx.TE_CENTER：组件中的文本居中。

② wx.TE_LEFT：组件中的文本左对齐。

③ wx.TE_RIGHT：组件中的文本右对齐。

④ wx.TE_NOHIDESEL：文本始终高亮显示，只适用于 Windows。

⑤ wx.TE_PASSWORD：不显示所键入的文本，以星号 (*) 代替显示。

⑥ wx.TE_PROCESS_ENTER：如果使用该参数，那么当用户在组件内按下"Enter"键时，一个文本输入事件将被触发。否则，按键事件由该文本组件或该对话框管理。

⑦ wx.TE_PROCESS_TAB：该参数控制"Tab"键在 TextCtrl 中的行为。默认情况下，

"Tab"键会被对话框或容器窗口管理，用来在不同的组件之间切换焦点。如果使用本参数，那么与默认情况不同，用户按下"Tab"键时，会在文本中插入一个制表符。

⑧ wx.TE_READONLY：文本组件为只读，用户不能修改其中的文本内容。

其他参数和 StaticText 类中参数的含义基本相同。

创建一个用户名和密码输入文本框，模拟登录界面，其代码如下：

```
import wx
class MyFrame(wx.Frame):
    def __init__(self, parent, id):
        wx.Frame.__init__(self, parent, id, title=' 创建 TextCtrl 类 ', size=(300，200))
        panel = wx.Panel(self)
        # 创建文本和输入框
        StaticText_title = wx.StaticText(panel, label=' 请输入用户名和密码 ', pos=(100，20))
        StaticText_user = wx.StaticText(panel, label=' 用户名 :', pos=(40，60))
        text_user = wx.TextCtrl(panel, pos=(80，60), size=(200，20), style=wx.TE_LEFT)
        StaticText_pwd = wx.StaticText(panel, label=' 密　码 :', pos=(40，100))
        text_pwd = wx.TextCtrl(panel, pos=(80，100), size=(200，20), style=wx.TE_PASSWORD)
if __name__=="__main__":
    app = wx.App()  # 初始化应用
    frame = MyFrame(parent=None, id=-1) # 实例化
    frame.Show()    # 显示窗口
    app.MainLoop() # 调用主循环方法
```

运行结果如图 12-11 所示。

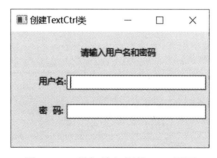

图 12-11　增加输入框的 GUI 界面

3) Button 按钮类

按钮是 GUI 中应用较为广泛的组件之一，它常用于捕获用户生成的单击事件，触发绑定的处理函数。wxPython 中提供了不同类型的按钮，接下来介绍较常用的 wx.Button 类，其语法格式如下：

wx.Button(parent，id，label，pos，size=wxDefaultSize，style=0，validator，name="button")

wx.Button 的参数与 wx.TextCtrl 的参数的含义基本相同，其中参数 label 表示显示在按

钮上的文本。

在登录界面的基础上，添加两个按钮，一个用于确定，一个用于取消，其代码如下：

```python
import wx


class MyFrame(wx.Frame):
    def __init__(self, parent, id):
        wx.Frame.__init__(self, parent, id, title=' 登录界面 ', size=(300, 200))
        # 创建面板
        panel = wx.Panel(self)
        # 创建文本和输入框
        StaticText_title = wx.StaticText(panel, label=' 请输入用户名和密码 ', pos=(100, 20))
        StaticText_user = wx.StaticText(panel, label=' 用户名 :', pos=(40, 60))
        text_user = wx.TextCtrl(panel, pos=(80, 60), size=(200, 20), style=wx.TE_LEFT)
        StaticText_pwd = wx.StaticText(panel, label=' 密 码 :', pos=(40, 100))
        text_pwd = wx.TextCtrl(panel, pos=(80, 100), size=(200, 20), style=wx.TE_PASSWORD)
        # 创建 "确定" 和 "取消" 按钮
        bt_confirm = wx.Button(panel, label=' 确定 ', pos=(80, 130))
        bt_cancel = wx.Button(panel, label=' 取消 ', pos=(160, 130))


if __name__ == "__main__":
    app = wx.App()
    frame = MyFrame(parent=None, id=-1)
    frame.Show()
    app.MainLoop()
```

运行结果如图 12-12 所示。

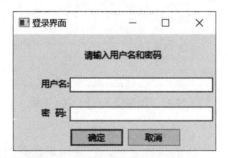

图 12-12　增加了按钮的 GUI 界面

4) Button 按钮类事件处理

在完成界面设计后，用户输入用户名和密码，若单击 "确定"，则要求检测输入的信息是否正确，并给出提示信息；若单击 "取消"，则要求清空所有输入内容。要实现这样的功能，就需要使用 wxPython 提供的事件处理方法。此处主要用到的是点击事件，当事件发生时，需要作出响应，此时需要绑定事件。利用组件的 Bind() 方法可以将事件处理函数绑定到特定的事件上。Bind() 方法的语法格式如下：

Bind(self，event，handler，source=None，id=wx.ID_ANY，id2=wx.ID_ANY)

其中的参数含义如下：

(1) event：指定事件类型，通常以 EVT_ 开头。wx.EVT_BUTTON 表示按钮点击事件；wx.EVT_CHOICE 表示下拉框选中事件；wx.EVT_MOTION 表示鼠标在窗口或组件上移动时发生的事件；wx.ENTER_WINDOW 和 wx.LEAVE_WINDOW 分别用于捕捉鼠标指针进入和离开窗口或组件区域的事件；wx.EVT_MOUSEWHEEL 表示鼠标中间滚轮移动的事件。

(2) handler：可以调用的事件处理方法，如果为 None，就会取消该事件绑定。

(3) source：事件来源对象，例如一个窗体里面有很多按钮，可以通过该参数来区分不同的事件来源。

(4) id：通过 id 来区分事件来源。

(5) id2：如果希望将事件处理方法绑定到很多 ID 上，就可以使用此参数。

在登录界面的基础上，绑定"确定"和"取消"单击按钮事件，示例代码如下：

```python
import wx

class MyFrame(wx.Frame):
    def __init__(self, parent, id):
        wx.Frame.__init__(self, parent, id, title=' 登录界面 ', size=(300，200))
        # 创建面板
        panel = wx.Panel(self)
        # 创建文本和输入框
        self.StaticText_title = wx.StaticText(panel, label=' 请输入用户名和密码 ', pos=(100, 20))
        self.StaticText_user = wx.StaticText(panel, label=' 用户名 :', pos=(40, 60))
        self.text_user = wx.TextCtrl(panel, pos=(80，60), size=(200，20), style=wx.TE_LEFT)
        self.StaticText_pwd = wx.StaticText(panel, label=' 密 码 :', pos=(40, 100))
        self.text_pwd = wx.TextCtrl(panel, pos=(80，100), size=(200，20), style=wx.TE_PASSWORD)
        # 创建"确定"和"取消"按钮并绑定事件
        bt_confirm = wx.Button(panel, label=' 确定 ', pos=(80，130))
        bt_confirm.Bind(wx.EVT_BUTTON, self.OnclickSubmit)
        bt_cancel = wx.Button(panel, label=' 取消 ', pos=(160，130))
        bt_cancel.Bind(wx.EVT_BUTTON, self.OnclickCancel)
    def OnclickSubmit(self, event):
        print(" 登录 ")
```

```
        message = ""
        user = self.text_user.GetValue() # 获取输入的用户名
        pwd = self.text_pwd.GetValue()
        if user == "" or pwd == "":
            message = " 用户名或密码不能为空 "
        elif user == 'test' and pwd == "123":
            message = " 登录成功 "
        else:
            message = " 用户名和密码不匹配 "
        wx.MessageBox(message) # 弹出提示框

    def OnclickCancel(self，event):
        print(' 取消 ')
        self.text_user.SetValue("") # 清空用户名和密码
        self.text_pwd.SetValue("")

if __name__=="__main__":
    app = wx.App()
    frame = MyFrame(parent=None，id=-1)
    frame.Show()
    app.MainLoop()
```

以上代码中，为 Bind() 函数绑定了 bt_confirm 和 bt_cancel 点击事件。若单击 "确定"
按钮，则执行 OnclickSubmit() 方法；若单击 "取消" 按钮，则执行 OnclickCancel() 方法。
运行结果如图 12-13 和图 12-14 所示。

(a)

(b)

图 12-13 登录结果界面

图 12-14 取消登录界面

更多详细内容可以参考官网中的相关文档内容。

本 章 小 结

  本章阐述了如何通过 Python 实现图形用户界面 (GUI) 应用程序的开发，重点介绍了两个功能强大的主流 GUI 框架——tkinter 和 wxPython，包括 tkinter 的布局、常用的 tkinter 组件、事件处理，以及 wxPython 的安装和操作，同时通过示例代码演示如何创建基本的 GUI 窗口。通过本章的学习，读者不仅能掌握 tkinter 和 wxPython 的基本用法，还能理解两者在实际项目中的应用场景和使用范围，为进一步探索 Python GUI 编程打下坚实的基础。

本章思维导图如下：

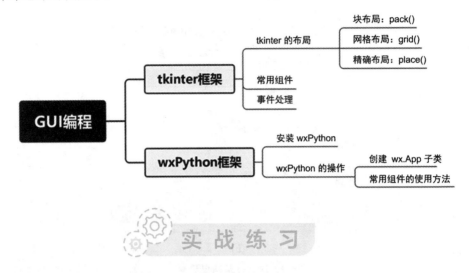

实 战 练 习

1. 使用 tkinter 编写一个有图形界面的计算器。

2. 开发并完善本章介绍的用户登录程序，增加一个界面，用于用户成功登录后显示，界面上显示"Hello"。

3. 使用 wxPython 开发一个学生管理系统界面，这个学生管理系统界面上有三个文本框，分别用于输入学生的姓名、年龄和性别。单击"添加"按钮可以添加一个学生，单击"删除"按钮可以删除一个学生。

参 考 文 献

[1] 刘江．Python 编程：从入门到实践 [M]．北京：人民邮电出版社，2019.

[2] CHUN W．Python 核心编程 [M]．3 版．孙波翔，李斌，李晗，译．北京：人民邮电出版社，2020.

[3] 埃里克·马瑟斯．Python 编程：从入门到实践 [M]．3 版．袁国忠，译．北京：人民邮电出版社，2023.

[4] 王国辉，李磊，冯春龙．Python 从入门到项目实践：全彩版 [M]．长春：吉林大学出版社，2018.